肉鸭
健康养殖技术问答

ROUYA JIANKANG YANGZHI JISHU WENDA

黄炎坤　王雪华　程保卫　编著

U0350436

中国科学技术出版社
·北京·

图书在版编目（CIP）数据

肉鸭健康养殖技术问答 / 黄炎坤，王雪华，程保卫
编著 . —北京：中国科学技术出版社，2018.1
ISBN 978-7-5046-7767-9

Ⅰ.①肉… Ⅱ.①黄… ②王… ③程… Ⅲ.①肉用鸭
—饲养管理—问题解答 Ⅳ.① S834-44

中国版本图书馆 CIP 数据核字（2017）第 263385 号

策划编辑	乌日娜
责任编辑	乌日娜
装帧设计	杨　桃
装帧设计	焦　宁
责任印制	徐　飞

出　　版	中国科学技术出版社
发　　行	中国科学普及出版社发行部
地　　址	北京市海淀区中关村南大街 16 号
邮　　编	100081
发行电话	010-62173865
传　　真	010-62173081
网　　址	http://www.cspbooks.com.cn

开　　本	889mm×1194mm　1/32
字　　数	103 千字
印　　张	4.5
版　　次	2018 年 1 月第 1 版
印　　次	2018 年 1 月第 1 次印刷
印　　刷	北京威远印刷有限公司
书　　号	ISBN 978-7-5046-7767-9 / S·684
定　　价	18.00 元

Preface 前言

　　我国是世界上鸭肉产量最多的国家，据有关资料报道，2015年上半年；我国肉鸭出栏约14.37亿只，产鸭肉266.2万吨；我国鸭肉产量约占世界总量的70%。从生产的集约化程度看，我国肉鸭生产以大型一体化企业为主，一些上规模的肉鸭养殖户常常与这些大型企业合作成为企业的肉鸭养殖合同户，自养自销的小型肉鸭生产场所占比例很小。河南华英、新希望六和、徐州桂柳、徐州忠意、安徽强英、山东正勇、四川绵英、内蒙古塞飞亚等都是世界闻名的大型肉鸭生产加工一体化企业集团。我国的肉鸭生产以白羽肉鸭为主，在南方一些省（区）地方麻鸭也占有一定比例，但是麻鸭生产大多数是以小规模分散饲养为主要生产经营方式。

　　全世界的白羽肉鸭高产配套系基本上都是以我国的北京鸭为基础经过系统选育培育成的，如著名的樱桃谷肉鸭、克里莫肉鸭、枫叶鸭等。其生产性能大幅度提高，在良好的生产条件下这些高产配套系30日龄的平均体重都能够达到2千克，42日龄平均体重超过3.5千克。这样高的生长速度需要有配套的生产管理条件与措施，否则其优秀的遗传潜力就无法充分发挥出来。

　　本书以白羽肉鸭的健康养殖为基础，系统地介绍肉鸭养殖过程中对各项条件的要求、饲养管理和卫生防疫应用技术，对养鸭者所关心的问题重点阐述。本书编写过程中得到了枫叶鸭中国办事处牛永军先生、河南华英集团黄琳先生和华南农业大学生物药品有限公司贾懿龙先生的大力支持，在此深表感谢。同时，笔者也参考了本行业先贤时俊的相关资料，在此一并致谢。

由于科学技术的飞速发展、我国各地自然条件和生产经营方式的差异，本书内容难免存在一些不足，敬请读者指正。

编著者

Contents 目 录

一、肉鸭产业概述

1. 我国肉鸭养殖量和鸭肉产量是什么情况?

根据中国养鸭联盟报道,2014年我国肉鸭出栏约29.29亿只,产鸭肉571.23万吨;2015年上半年白羽肉鸭出栏14.37亿只,产鸭肉266.2万吨。

2014年,我国白羽肉鸭祖代更新量为27.13万套,其中国内约为24.2万套,国外引进约为3.23万套。2015年上半年,我国白羽肉鸭祖代更新量为12.19万套,其中国内约为10.93万套,国外引进约为1.26万套。从存栏来看,2014年我国祖代白羽肉种鸭平均存栏量为42.83万套,比2013年减少了2.86%;国产化率较2013年提升了4.69%。2015年上半年,平均存栏量为39.92万套,同比减少了7.29%。

2. 我国肉鸭生产主要集中在哪些地区?

我国传统养鸭主要集中在长江流域和华南地区,这些地方水库、河流、湖泊、水塘等较多,加上自然环境温度较高,水中的野草、水生动物多,能够为鸭群提供丰富的饲料来源。然而,在白羽肉鸭开始大量饲养后,基本采用舍饲模式,饲喂全价颗粒饲料,对自然饲料资源的依赖性显著降低,使得肉鸭的养殖区域不断扩大。我国白羽肉鸭主要饲养地区在山东、河南、江苏、河北、北京、四川、安徽等省（市），这7个省（市）的白羽肉鸭出栏数量占全国总量的65%以上。

3. 我国肉鸭的主要消费方式有哪些？

我国地域辽阔，不同地区人们对肉鸭的消费方式有差异，如北方大多数省（市）主要是以烤鸭的形式消费，华东的主要省（市）以盐水鸭的形式消费，中南地区则以煲汤的形式消费较多。

此外，用肉鸭的不同部位或分割肉制作的休闲食品在全国各地都有消费。

4. 我国肉鸭生产存在的主要问题有哪些？

尽管我国肉鸭养殖历史悠久，养殖总量大，但是在实际生产中还存在不少问题，主要有以下几方面：

（1）**良种繁育体系不健全** 我国肉种鸭原种场数量少、规模小，选育和繁育手段尚达不到国际先进水平、品系选育和配套系杂交利用技术也相对滞后，这也是国内白羽肉鸭种源需要依赖进口的主要原因。而国外的肉种鸭一般只向我国提供祖代，导致每年需要大量从国外引种的被动局面。

（2）**饲养管理条件落后** 我国肉鸭养殖业虽然在不断发展进步，逐步转向集约化生产，但大部分饲养方式仍然较为粗放，饲养条件简陋。饲养环境差导致鸭病交叉感染严重、大量使用治疗药物，产品卫生安全不能得到保障。

（3）**疾病防疫不规范** 近年来，禽流感、小鸭肝炎、鸭浆膜炎、大肠杆菌病等疾病已经给我国的养鸭业造成了较大经济损失。疾病危害肉鸭健康，降低肉鸭的生产性能和养殖业的经济效益。

（4）**环境污染严重** 肉鸭养殖企业或农户的环境保护意识不强，将粪污任意堆放在鸭场周围、公路边、村边，或直排河道，造成水体污染、环境恶化。

5. 为什么要提倡健康养鸭？

健康养鸭是指根据肉鸭的生活习性、生理特点的要求，为肉鸭提供适宜的生长环境条件和营养供应。包括：丰富的营养物质、优质的饲料、清洁的饮水、舒适的环境温度和湿度、新鲜空气、充足的生活空间、安全的环境卫生、适当的疾病防治措施等，以保证肉鸭在生长过程中维持健康的体态。

通过健康养殖才能使鸭群健康，少使用药物以获得质量安全的鸭肉，同时也只有健康的鸭群才能更快地生长发育，有效降低生产成本。

6. 肉鸭健康养殖的关键措施有哪些？

实现肉鸭健康养殖的关键问题是如何实现养殖过程规范化。为此，应重点抓好以下几方面的技术措施。

（1）良好的养殖设施，为肉鸭生长提供良好的生活环境　鸭舍和舍外运动场应位于地基较高的地方，利于排水。鸭舍内外不应存留污水、雨水。鸭舍应具有一定的保温防寒功能，冬暖夏凉，通风良好。鸭舍内地面、墙壁和舍外运动场地面应坚硬光滑，便于消毒。

（2）改进饲养技术　饲养肉鸭应采用"全进全出"的饲养方式。即饲养同一品种的肉鸭，同批购进雏鸭，同批饲养，同时出栏；给鸭群饲喂配合饲料；放牧和补饲配合饲料密切结合，应依据放牧情况进行科学的针对性补饲精料；为鸭群提供适宜的光照时间，有利于肉鸭正常生长。

（3）保持饲养环境清洁卫生　应每日清扫鸭子的活动场所，定期消毒。将鸭子的排泄物集中堆放，使其自然发酵熟化，成为有机肥。这样能有效地提高鸭子的健康水平、成活率和鸭类产品的安全性。

（4）认真做好防疫工作　在保持鸭群养殖环境卫生良好，定期消毒的基础上，应严格按照制定的免疫程序，开展免疫工作。对重大疾病（如禽流感）的防疫，应保证每只肉鸭能够按时、保质、保量获得疫苗免疫保护，努力做到一只不漏。

7. 养好肉鸭应具备哪些条件?

（1）**良好的人员素质**　企业人员的素质是企业现代水平的重要标志之一，现代肉鸭创业的发展离不开从业人员素质的提升。在员工入职后需要进行经常性地培训，使其素质得到不断提高。

员工的责任感对其工作成效影响很直接，因为肉鸭生产的对象是活的家禽，其生理状况、健康状况、生产性能容易受各种外界因素的影响。而某些生产环节可能是费心、费力、费时的，但是对生产影响又是直接且重大的，如饲养前期需要昼夜值班以观察雏鸭对周围环境的反应，免疫接种时需要保证疫苗接种的数量、部位的准确性。肉鸭生产中许多环节是需要细心观察、耐心处理的，如果对工作的责任心不强、处理问题粗心则常常导致严重的后果。

（2）**优良的品种（配套系）**　品种（配套系）是肉鸭生产的重要基础条件，不同的品种（配套系）或不同来源的同一品种（配套系）其生产性能都可能存在较大差别。

（3）**良好的肉鸭生产设施与环境**　生产设施包括鸭场的场地位置和地势、鸭舍的建筑结构和材料、养殖设备和环境控制设备的选择和使用等。如果没有这些标准化的设施就无法为鸭群提供适宜的生产环境、无法保证生产环境不受污染、无法保证劳动生产效率的提高和劳动条件的改善。

（4）**使用全价配合饲料**　肉鸭的生产水平是由遗传品质所决定的，而这种遗传潜力的发挥则很大程度上受饲料质量的影响。没有优质的饲料任何优良品种的肉鸭都不可能发挥出高产的遗传潜力。因此，饲料可以说是现代养殖业发展的重要基础。

饲料中任何一种营养素缺乏都会引起相应的营养缺乏症，轻者影响生产性能，重者导致鸭体生理功能失调甚至发生疾病。但是，有的营养素本身也具有毒性，如果摄入量过大也会引起中毒或影响其他营养素的吸收。很多营养素与机体的免疫功能有关，尤其是一些维生素、个别微量元素和氨基酸、不饱和脂肪酸，如果缺乏就会造成肉鸭免疫力的下降。

饲料质量不仅影响肉鸭的生产水平，而且对产品质量影响也很显著。如屠体中脂肪含量、体组织的成分等。

（5）严格的防疫制度与规程　疫病发生不仅导致肉鸭死亡率增加、生产水平下降，生产成本增高，而且直接影响到产品的卫生质量。

要建立完善的卫生防疫设施与制度。完善的防疫设施要能够确保鸭群与外界（人员、车辆、物品、动物）的严格隔离，有效建设外来因素对鸭群生产的不良影响，尤其是防止外来的病原体对生产区环境的污染和对鸭群的侵袭。完善的卫生防疫制度是提高防疫工作成效的重要保证，要针对生产的各个环节和部位制定相应的防疫制度，确保防疫工作的有效开展。

要有综合性卫生防疫措施，单纯依靠某一种措施或方法是难以达到防治目的的。合理选择场址和规划、使用全价的饲料、种鸭严格进行特定疾病的净化、合理使用药物、科学地使用疫苗并及时监测应用效果、合理的饲养管理规程、对污物进行无害化处理、合理调控鸭舍内环境等都是卫生防疫所必不可少的环节。

（6）规范的肉鸭饲养管理技术　饲养管理技术实际上是上述各项条件经过合理配置形成的一个新的体系，包含了上述各环节的所有内容。它要求根据不同生产目的、生理阶段、生产环境和季节等具体情况，选择恰当的配合饲料、采取合理的饲喂方法、调整适宜的环境条件、采取综合性卫生防疫措施。满足肉鸭的生长发育和生活需要，创造达到最佳的生产性能的条件。

8. 我国肉鸭生产经营模式主要有哪些?

（1）大型一体化企业　即在一个企业集团内部形成了一个完整的产业链，有种鸭养殖、孵化、配合饲料生产、商品肉鸭养殖、屠宰厂、食品加工厂、羽绒加工厂等。集团内部根据生产计划确定每个生产环节的产能。这种生产经营模式目前在国内占有一定的比例，河南华英股份公司是典型代表。

（2）公司＋农户　这种模式是一个龙头企业，该企业拥有饲料生产、种鸭养殖、孵化和屠宰加工等附属公司，商品肉鸭生产则委托合同养鸭户进行饲养。养鸭户与公司签订合同，确定每一批肉鸭的饲养时期、数量、出栏时间、饲料价格、雏鸭价格和肉鸭收购价格。饲料和雏鸭由公司提供、肉鸭养成后有公司的屠宰厂收购并屠宰加工。这种生产经营模式在中型肉鸭生产企业应用的比较多，如河南宏源肉鸭公司等。少数大型肉鸭生产企业也有采用这种方式的，如新希望六和集团等。

（3）自养自营模式　一般在小型肉鸭生产中使用这种模式，这些养鸭场（户）从种鸭场或孵化场购买雏鸭，饲养一定时期，肉鸭出栏后卖到农贸市场或卖给鸭贩。

9. 如何看待当前肉鸭的市场变化?

目前，市场上肉鸭的销售价格存在较大的波动，行情好的时候肉鸭价格能够达到10元/千克，而行情低落的时候不足5元/千克。正常情况下如果每只鸭苗按4元计、42天肉鸭体重达到3.0千克、消耗饲料7千克、药物费用0.7元，每只肉鸭的成本（加上其他费用）约为25元，如果肉鸭的销售价格低于8元/千克就可能造成养鸭亏损。

肉鸭的养殖行情受多种因素的影响：

（1）当时的肉鸭养殖总量　养鸭总量大很容易出现供过于求的局面，很可能造成肉鸭价格的下降。这个主要看前一时期国内进口祖代肉种鸭的数量，进口量大势必提供的父母代种鸭多，商品肉鸭的产量也会多。

（2）市场价格波动状态　当养殖肉鸭出现持续亏损状态的时候，很多肉鸭养殖场（户）会减少养殖量，甚至停止购入新的鸭苗，这就可能会引起后一阶段肉鸭价格的上涨。

（3）**禽病流行情况**　尤其是当媒体报道某地出现人感染H_7N_9或H_5N_1流感病毒的情况后很可能会引起消费者的恐慌，使对家禽产品的消费量明显下降。

（4）**其他禽产品的价格情况**　一般来说，当鸡蛋、鸡肉市场价格低迷的时候常常会诱导肉鸭产品的价格下降。

了解这些情况，对于合理调整肉鸭生产计划，减少损失具有重要意义。

二、肉鸭的品种及繁育技术

1. 肉鸭的生物学特性有哪些?

（1）**喜水、喜干**　鸭为水禽，喜欢戏水、游水、潜水并在水中交配和觅食。如果饲养种鸭则必须为种鸭群提供合适的洗浴池。但是，鸭喜欢栖息在相对干燥的垫草上，如果垫料潮湿则会诱发多种问题和疾病。因此，要注意保持鸭舍内的相对干燥。如果饲养商品肉鸭则一般不让其下水活动。

（2）**耐寒、怕热**　青年和成年鸭的皮下脂肪较厚，羽绒保温性能良好，加上鸭的体表没有汗腺以协助散热等，所以种鸭具有耐寒怕热的习性。成年种鸭的耐热性能较差，在夏季会表现出食欲下降，采食量减少，产蛋量也下降。因此，在炎热的夏季，一定要做好防暑工作。商品肉鸭的饲养期比较短，绝大多数时间都需要较高的环境温度，鸭舍的保温是重点。

（3）**合群性好**　鸭平时喜欢合群生活，极少数单独离群，这就有利于大群饲养。

（4）**生活有规律性**　鸭具有良好的条件反射能力，比较容易接受训练和调教，可以按照人们的需要和自然条件进行训练，以形成鸭群各自的生活规律，这有利于饲养管理。但是，这种规律一经形成就不容易改变，如果人为地改变则会对鸭群造成应激。

（5）**鸭胆小易受惊**　成年种鸭在受到突然惊吓或不良应激时，

容易导致产蛋减少乃至停产；商品肉鸭受到惊吓容易挤堆。陌生人、其他动物、异常声响、晃动的灯影都会造成鸭群受惊。所以应保持养鸭环境的安静稳定，防止猫、狗、老鼠等动物进入鸭舍，以免鸭群因突然受惊引起应激，影响生长发育。

2. 肉鸭的经济学特性有哪些？

（1）生长速度快，生产周期短　正常饲养情况下，28天的毛鸭活重能够达到2千克，45天的毛鸭活重3.5千克，28日龄以后的鸭群均可随时出栏。一栋鸭舍1年饲养肉鸭可以出栏5～7批商品鸭。

（2）饲料效率高　在28天肉鸭体重达2千克时消耗全价颗粒饲料不到3.5千克；42日龄肉鸭的体重能够达到3.3千克，平均每1千克肉鸭增重所消耗的饲料量在2.2千克以下。这种高的饲料效率是其他家畜所难以达到的。

（3）肉质好　肉鸭出栏日龄小，一般的煲汤、红烧、爆炒等常用烹饪方法容易熟，而且肉质软烂，容易消化吸收。

（4）羽绒具有较高的价值　青年或成年肉鸭（肉种鸭）的羽绒是制作保暖服装和寝具的重要材料，有专门的羽绒加工厂收购和加工鸭的羽毛、羽绒。1只42日龄出栏的肉鸭其羽毛（绒）一般能够卖到1.5元左右。

（5）肉种鸭繁殖能力强　肉种鸭性早熟、繁殖力强。1只母鸭22周龄左右开产，至68周龄可以产蛋200个左右，能够提供雏鸭160只左右。

3. 国内饲养的肉鸭主要有哪些品种（配套系）？

目前我国肉鸭品种呈现多元化格局：一是英系北京鸭，以英国樱桃谷农场公司的樱桃谷肉鸭为代表，该品种20世纪80年代就已进入我国，目前在市场处于垄断地位，年父母代销售量接近2 000万只，年出栏量肉鸭超过20亿只。二是美系北京鸭，以美国枫叶公司培育的枫叶鸭为代表，2010年11月进入中国市场；樱桃谷肉鸭和美国的枫叶鸭占据市场70%的份额。三是法系北京鸭，以法国克里莫公司的奥白星鸭和法国奥尔维亚公司的南特鸭为代表。四是自主培育品种：Z型北京鸭是我国原始的北京鸭，其肉脂型鸭专用于北京烤鸭，南口1号北京鸭分为瘦肉型北京鸭配套系和肉脂型烤鸭专用北京鸭配套系。此外，此前培育成功的仙湖3号肉鸭、三水白鸭、天府肉鸭等市场推广量很少。

4. 北京鸭有什么特点？

北京鸭是世界著名的优良肉用鸭标准品种。具有生长发育快、育肥性能好的特点，是闻名中外"北京烤鸭"的制作原料。原产于北京西郊玉泉山一带，现已遍布世界各地，在国际养鸭业中占有重要地位。国内北京鸭肉用性能尚低于国外先进水平，其中早期生产速度差距较大，其他如成活率、孵化率及胸肉率等均有差距。然而，世界上主要的白羽肉鸭基本都是利用北京鸭进行选育或杂交培育出来的。

北京鸭羽毛纯白色，嘴、腿和蹼呈橘红色，体型硕大丰满，挺拔美观。头和喙较短，颈长，体躯长方形，前部昂起，与地面约为30°角，背宽平，胸部丰满，胸骨长而直，两翅较小而紧附于体躯。尾短而上翘，成年公鸭有4根卷起的性羽（图2-1）。产蛋母鸭因输卵管发达而腹部丰满，显得后躯大于前躯，腿短粗，蹼宽厚。初生雏鸭绒羽金黄色，称为"鸭黄"，随日龄增加颜色

图2-1 北京鸭的外貌特征

逐渐变浅，至3周龄前后变成白色；至60日龄羽毛长齐，喙、腿、蹼橘红色。

体质健壮，生长快，刚出生时体重约56克，3周龄为0.6～0.7千克，7周龄为1.75～2千克，8周龄就可达2～2.5千克，公鸭可长

到3～4千克。雌鸭性成熟早，一般长到6个月就开始产蛋，年产蛋150～200枚。北京鸭肉肥味美，驰名中外的北京烤鸭，就是用北京鸭烤制而成的。北京鸭已传入外国，世界各国都有分布。

5. 樱桃谷肉鸭有什么特点?

樱桃谷鸭是英国樱桃谷鸭场以北京鸭和埃里斯伯里鸭为亲本，经杂交选育而成的商用品种。该品种内有10个品系，其中白羽系有L_2、L_3、M_1、M_2、S_1、S_2；杂色羽系有CL_3，CM_1，CS_3，CS_4。目前，我国白羽肉鸭中樱桃谷肉鸭的数量最多。

我国于1980年首次引进一个三系杂交的商品代L_2。现在河南、四川、河北、山东等省和江苏都有它的祖代鸭场。向全国各地推出樱桃谷公司的新产品SM_3超级大型肉鸭和SM_2中型肉鸭。2011年山东设立了樱桃谷曾祖代场。

樱桃谷鸭外貌特征与北京鸭相似，全身羽毛白色，头大额宽，颈粗短，背宽而长。从肩到尾倾斜，胸部宽而深，胸肌发达。喙橙黄色，胫、蹼都是橘红色（图2-2）。

图 2-2　樱桃谷 SM_3 肉鸭

樱桃谷种鸭开产日龄为180～190天；公母配种比例为1:5；种蛋受精率90%以上。父母代母鸭第一年产蛋量为210～220枚，可提供初生雏160只左右；平均蛋重90克左右。父母代成年体重公鸭4～4.25千克，母鸭3～3.2千克。

商品代28日龄体重约2千克；49日龄活重3～3.5千克，料肉比2.4～2.8:1；全净膛率72.55%，半净膛率85.55%，瘦肉率26%～30%，皮脂率28%～31%。

6. 枫叶鸭有什么特点?

枫叶鸭是美国美宝公司培育的优良肉鸭品种。是从美国引进的优良瘦肉型肉蛋兼用鸭品种。枫叶鸭头大颈粗,羽毛纤细柔软、雪白,外观硕大优美,具有抗病力强、瘦肉率高、风味好、产蛋多的优点。肉鸭屠宰率高,产肉性能良好,皮脂含量适中,肉质细嫩,鲜美可口,既有野禽风味,又适于烧烤。枫叶鸭性情温顺、合群,采食量大,好嬉水。

枫叶鸭商品鸭,47日龄上市平均体重达3.3千克,成活率达98%。

父母代种鸭153日龄达到性成熟,30周龄产蛋率达50%,以后经2~3周即可达到产蛋高峰期,最高产蛋率达90.18%,产蛋率80%以上持续7周。蛋重86克左右,受精率93.38%。受精蛋孵化率为91.75%,孵化期为28天。

枫叶鸭对比中国的北京鸭,都很好,北京鸭的皮厚肉嫩,更加适合做烤鸭的鸭坯,而枫叶鸭非常适合西餐的烹饪,皮薄瘦肉多,鸭子的土腥味很淡,处理起来也相对简单,容易烹制出更多的菜品。

7. 奥白星肉鸭有什么特点?

奥白星肉鸭是法国克里莫公司纯种选育场最新选育成功的肉鸭品种。外貌特征与北京鸭相似,雏鸭绒毛金黄色,随日龄增大而逐渐变浅,换羽后全身羽毛白色。成年鸭头大,颈粗,胸宽,体躯稍长,胫粗短;喙、胫、蹼均为橙黄色。

父母代种鸭性成熟期为24周龄,开产体重3千克,42~44周龄产蛋期内产蛋220~230枚,种蛋受精率92%~95%。

该品种生长速度快,料肉比高,商品代42~49日龄体重3.4~3.8千克,料肉比2.3~2.5。

8. 天府肉鸭有什么特点?

天府肉鸭系四川农业大学家禽研究室于1986年底利用引进肉

鸭父母代和地方良种为育种材料，经过10年选育而成的大型肉鸭商用配套系。该品种体型硕大丰满，挺拔美观。头较大，颈粗、中等长，体躯似长方形，前躯昂起与地面呈30度角，背宽平，胸部丰满，尾短而上翘。母鸭腹部丰满，腿短粗，蹼宽厚。公鸭有2～4根向背部卷曲的性指羽。羽毛丰满而洁白。喙、胫、蹼呈橘黄色。初生雏鸭绒毛黄色，至4周龄时变为白色羽毛。

父母代种鸭：成年体重公鸭3.2～3.3千克、母鸭2.8～2.9千克，开产日龄180～190天（产蛋率达5%），入舍母鸭年产合格种蛋230～250个，蛋重85～90克，受精率达90%以上，每只母鸭提供健雏数180～190只。

商品代肉鸭：28日龄活重1.6～1.86千克，料肉比1.8～2:1；35日龄活重2.2～2.37千克，料肉比2.2～2.5:1；49日龄活重3～3.2千克，料肉比2.7～2.9:1。

9. 南特肉鸭有什么特点？

南特肉鸭是法国奥尔维亚顾尔蒙育种公司培育的白羽肉鸭，因该品种选育种基地在法国的南特市，故称为南特鸭。

父母代种鸭（ST5M配套系）生产性能：性成熟期25周龄，本周体重公鸭4 250克、母鸭3 200克；1～25周龄饲料消耗24千克/只，25周龄成活率97%；25～75周龄产蛋数292～312枚/只，种蛋受精率94%，种蛋孵化率84%，每只母鸭可提供雏鸭221只。商品代肉鸭生产性能见表2-1。

表 2-1　南特肉鸭商品代生产性能　（单位：克）

周　龄	1	2	3	4	5	6	7	8
母鸭活重	259	740	1413	2148	2840	3441	3746	3814
母鸭平均日增重	30.1	68.7	98.7	102.4	98.9	85.9	43.5	9.7
公鸭活重	261	768	1494	2196	2940	3660	4083	4165

续表 2-1

周　龄	1	2	3	4	5	6	7	8
公鸭平均日增重	30.4	72.4	103.7	100.3	106.3	102.9	60.4	11.7
公母平均重	260	754	1463	2172	2890	3551	3915	3956
料肉比				1.56	1.73	1.96	2.30	2.75

10. 我国哪里饲养有祖代肉种鸭?

我国的肉种鸭品种类型较多,羽毛颜色都是白色,如果不了解供种情况则很有可能引进质量不好的自繁鸭群,影响后代的生产性能。几种常见的白羽肉鸭祖代种鸭在国内的分布情况如下:

(1)华英鸭　河南潢川、山东临邑、山东济南、山东昌乐、安徽黄山、河北香河、广西桂林、内蒙古宁城、江苏沛县。

(2)枫叶鸭　山东肥城、山东高唐。

(3)北京鸭　北京。

(4)奥白星肉鸭　四川郫县、云南昆明。

(5)南特肉鸭　山东昌邑、河北沧州。

11. 肉鸭制种主要采用的方式有哪些?

目前,肉鸭制种模式如下:原种场主要培育专门化品系和进行配合力测定,并向祖代种鸭场提供特定的配套系(每个品系仅提供单一性别的雏鸭),祖代种鸭场通过第一次杂交向父母代种鸭场提供父母代种鸭(每个品系仅提供单一性别的雏鸭),父母代种鸭场繁殖的种蛋提供给孵化场,雏鸭孵化出来后出售给商品肉鸭养殖场或养殖户。

12. 肉种鸭自群繁殖有哪些问题?

由于肉鸭的祖代和父母代种鸭羽毛都是白色,体型也相似,从外貌特征方面不容易区别种鸭和商品代肉鸭，也不容易区分父本品系和母本品系。当肉鸭市场行情看好的时候，一部分养鸭场（户）会把父母代种鸭进行自群繁殖，扩大群体规模并向外提供种蛋或雏鸭；更有甚者会把商品代雏鸭当作种鸭饲养向外供种。

这种自群繁殖或将商品代肉鸭作种用所提供的后代虽然外貌特征与正常繁育的肉鸭相似，但是其生产性能表现则不好。其问题如个体大小不均匀（生长速度不一致）、平均生长速度慢、非传染性疾病较多等。

13. 肉鸭引种注意的事项有哪些？

（1）确认供种场所饲养种鸭的代次　祖代鸭场能够提供父母代种鸭、父母代种鸭场只能提供商品代鸭苗。如果要饲养父母代种鸭则必须到祖代种鸭场引种。

（2）供种场符合基本条件　有祖代种鸭的引种证明，而且是在65周以内的时间；有地方畜牧局颁发的种畜禽生产经营许可证、动物防疫条件合格证。

（3）提前了解所引品种的特点　引种前必须先了解引入品种的技术资料，对引入品种的生产性能、饲料营养要求要有足够的了解，以便引种后参考。

（4）注意引进品种的适应性　选定的引进品种要能适应当地的气候及环境条件。每个品种都是在特定的环境条件下形成的，对原产地有特殊的适应能力。所以，引种时首先要考虑当地条件与原产地条件的差异状况；其次，要考虑能否为引入品种提供适宜的环境条件。

（5）必须严格检疫　引种前对供种场及当地家禽疫病发生情况要有所了解，绝不可以从发病区域引种，以防止引种时带进疾病。供种单位必须出具动物检疫合格证。

14. 如何利用肉种鸭与地方麻鸭杂交？

目前，在一些地方白羽肉鸭的市场需求量较少，而对麻鸭的消费量较多。主要是麻鸭生长期长、放养较多，肉的风味和口感较好，销售价格高。但是，麻鸭生长速度慢、体型小是其不足。一些地方利用樱桃谷肉鸭与地方麻鸭杂交生产的杂交鸭生长速度明显提高、体型明显增大，而且杂交鸭的羽毛颜色为浅麻色。

作为麻鸭杂交用，一般使用樱桃谷父母代种公鸭作父本，母麻鸭作母本。以淮南麻鸭为例，这种方式的杂交鸭90日龄体重能够达到1.7千克，120日龄达到2.2千克，比麻鸭体重提高30%左右。

三、肉鸭生产设施与设备

1. 肉鸭场选址注意哪些事项?

肉鸭养殖场应建在地势较高、干燥、采光充分、易排水、隔离条件良好的区域。鸭场周围3千米内无大型化工厂、采矿厂,1千米以内无屠宰场、皮革厂、肉产品加工厂或其他畜禽养殖场等污染源。鸭场距离干线公路、学校、医院、乡镇居民区、居民点等设施1千米以上,距离村庄1千米以上。鸭场周围如果是林地或农田是比较好的。鸭场不允许建在饮用水源附近。

鸭场所在地水源充足、水质良好,能够为鸭群提供符合饮用水标准的饮水,能够满足种鸭洗浴用水的量;供电稳定,距离供电线路较近;鸭场与主要公路之间有专门的道路。

2. 肉鸭场的建筑物主要有哪几类?

按建筑设施的用途,鸭场建筑物主要有办公用房(办公室、会议室、资料与档案室、会客室等)、生活用房(宿舍、食堂、洗浴间、厕所等)、生产用房(各种鸭舍、料库、种蛋库、孵化室、配电室、杂物仓库、兽医室、消毒更衣室等)和污物处理设施(粪便堆积发酵场或干燥处理厂、污水处理设施如沼气池、病死鸭焚烧处理设施等)。

不同规模和性质的肉鸭场内建筑物的种类有差异。

大型肉种鸭场和综合性肉鸭场内的建筑物基本上包含了上述各类；专业性的商品肉鸭场主要有消毒室、宿舍、食堂、料库、配电室、鸭舍和粪便处理设施；小型肉鸭场可能主要是鸭舍、消毒室和食堂。

3. 如何对肉鸭场进行规划？

　　肉鸭养殖小区建筑布局应分为生产区、管理区和附属配套区，周围筑有围墙或防疫沟，并建有绿化带。生产区设有鸭舍、更衣室、消毒室、饲料贮藏加工室、仓库等。管理区是办公场所，是鸭场与外界交流较多的地方，与生产区必须严格隔离；员工的生活区也常常与办公区相邻而设。附属配套区是服务于生产的一些辅助设施。要严格执行生产区、管理区、附属配套区相隔离的原则。人员、禽和物品运输采取单一流向，场区内的道路规划要将净道和污道严格分开，防止污染源疫病传播。

4. 肉鸭舍建造应遵循哪些原则？

　　（1）有利于卫生防疫　鸭舍设计要充分考虑卫生要求，能够有效地与外界隔离，减少外来动物和微生物的进入，同时便于舍内的清洗消毒和卫生防疫措施实施。

　　（2）有助于鸭舍内环境调节　鸭舍应该具有挡风遮雨、遮阴防晒、有效缓解外界不良气候对鸭群的影响。

　　（3）结实耐用　鸭舍的建造相对简单，但是在建造时必须充分考虑其耐用性，这一方面能够保证正常生产过程中鸭群的安全，另一方面通过延长使用年限以降低每年的房舍折旧费用。

　　（4）节约投资　规模较小的鸭场或养殖户建造简易棚舍，充分利用树枝、草秸等当地资源，舍内可以用砖柱或木柱支撑屋顶，减少大梁及檩的使用。

　　（5）方便管理　鸭舍的设计应充分考虑便于人员在舍内的操作、便于供水供料、便于垫料的铺设和清理、便于分群管理。

5. 有窗式肉鸭舍的特点有哪些?

这是一种常见的肉鸭舍,也可以作为种鸭舍,与很多鸡舍的建造要求相似。鸭舍的前后墙高度为2.3米左右,每间房前后墙各设置1个窗户(宽度约1米、高度约0.8米),窗台距地面高度约1米。屋顶材料有石棉瓦或红机瓦、彩钢瓦等。窗户可以作为通风和采光用(图3-1)。

图 3-1　有窗式肉鸭舍

这种鸭舍可以充分利用自然光照和自然通风,降低运行成本。但是,鸭舍内环境受外界环境因素的影响比较大。

6. 半开放式肉种鸭舍的特点有哪些?

塑料大棚鸭舍常见为拱形,前后设置1米高的墙壁并开设窗户,棚架用竹木搭建成拱形,棚的高度为2~2.5米,宽度4~6米,长度可根据地形和饲养数量而定,一般在30~50米,但中间要用栅栏或低墙隔开,分栏饲养。棚顶用芦苇席覆盖,上面再盖上油毛毡或塑料布,防止雨水渗漏。为了防止舍内潮湿,在棚舍的两侧设排水沟,水槽或饮水器放置在排水沟上的网面上。

敞篷式鸭舍只有两端山墙,前后墙下部只有1米左右为砖混结构,上部1~1.5米只有立柱支撑屋架。屋顶材料有石棉瓦或红机瓦、彩钢瓦、稻草等。前后墙外罩金属网以防鸟鼠进入,在冬季和早春外界温度较低的时候用编织布将前后墙开放处遮挡起来以挡风保暖。

在北方地区,温暖的季节,在草场、林地、滩涂边建成简易棚舍。主要用来饲养商品鸭,结合放牧饲养,节省房舍开支和饲料成本,提高饲养效益。棚舍可适当建大一点,增加饲养数量。

7. 肉种鸭舍如何设置?

肉种鸭舍多为有窗式鸭舍,也有的为无前墙的半开放式鸭舍,多为砖木结构,要求防寒保暖,舍内地面要高出舍外运动场30厘米,舍内为水泥地面。

房舍高度2.5~3米,跨度5~7米,单列式饲养,靠鸭舍南侧有运动场,运动场的南边为水池。运动场为三合土打实压平,面积为舍内面积的2~3倍。连接运动场和水面的鸭坡为一斜坡,坡度30°左右,为了防止滑倒,在上面可以铺设草垫,也可以在斜坡上设置横向波纹用于防滑(图3-2,图3-3)。

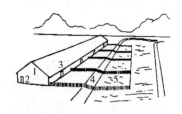

图3-2 肉种鸭舍示意图

1.鸭舍 2.鸭舍门 3.鸭到运动场的门
4.运动场(鸭坡) 5.水池

图3-3 肉种鸭舍与附设的舍外运动场

8. 密闭式肉鸭舍的特点有哪些?

这种类型的鸭舍在大型养殖场使用较多。密闭式鸭舍的特点是在前后墙上少量设置窗户,在平时用隔热板将窗户挡严,防止漏风和透光。鸭舍内的温度、湿度、光照、通风等环境条件完全靠相应的设备控制。舍内的环境条件受外界气候条件的影响较小,鸭群的生产性能发挥比较稳定(图3-4)。

图3-4 密闭式肉鸭舍

其不足之处在于要求屋顶和墙壁的保温隔热效果好，鸭舍的环境控制设备需要经常运行，可能造成运行费用较高。

9. 卷帘式鸭舍如何设计？

卷帘式鸭舍在两侧下部设置高度约为0.8米的矮墙，中上部用立柱支撑屋架，并用塑料网做防护。无墙的部分用专门的帘子布作为卷帘，用电动卷帘机控制卷帘的升降。需要保温的时候将卷帘升上去形成一个类似密闭式鸭舍的状态，需要通风的时候将卷帘放下，使屋檐下一定高度可以通风，高温季节可以将卷帘完全放下，前、后墙几乎都成为透风的状态（图3-5）。

图3-5 卷帘式鸭舍

也有的鸭舍卷帘是挂在屋檐下，需要保温的时候放下来。

卷帘式鸭舍结合了有窗式和密闭式鸭舍的各自特点，能够降低运营成本。

10. 鸭舍的高度如何设计？

鸭舍的高度主要考虑采用的饲养方式、屋顶形状和鸭舍的宽度。

采用地面平养方式的肉鸭舍，一般梁下高度为2~2.5米；采用网上平养方式的肉鸭舍梁下高度为2.3~2.8米。

屋顶形状有"A"形、拱形和平顶3种，采用前两种屋顶形状的鸭舍其前后墙的高度略低，可以采用上述高度；采用平顶形状的屋顶其前后墙的高度稍高，要比上述高度增加0.5米。

鸭舍的宽度越大，屋顶的高度越高。

11. 鸭舍的长度如何设计？

鸭舍的长度要看场地形状和大小，根据场地情况其长度在

30～80米。

要考虑每栋鸭舍的饲养量，如果确定了每栋鸭舍每批的养殖数量则要结合考虑鸭舍的宽度、长度和饲养密度，最终确定长度。如饲养1万只的一栋鸭舍，如果6周龄时按饲养密度为每平方米5只计算，1万只需要舍内面积2 000米²，当鸭舍宽度为20米的时候，鸭舍的长度就需要100米。

如果场地较小就不要考虑每栋鸭舍饲养数量太多。

12. 鸭舍的宽度如何设计？

图3-6　鸭舍内设置的立柱

鸭舍宽度的设计要考虑每栋鸭舍的饲养规模，如长度设计中的例子。

鸭舍的宽度一般在6～20米。当宽度超过8米的时候就需要在鸭舍内设置1列或多列立柱支撑屋顶（图3-6）。宽度超过20米的鸭舍建造要求较高，否则其牢固性会受影响。

13. 鸭舍的通风如何设计？

鸭舍的通风包括自然通风和机械通风两种形式。

（1）自然通风　主要通过前后墙上设置的窗户和屋顶设置的天窗进行通风，一般用于饲养规模较小的、宽度不超过8米的鸭舍。需要通风的时候打开门窗和天窗进行通风，打开的程度可以调节通风量的大小。

（2）机械通风　主要依靠风机和进风口组织通风。风机的安装有正压通风和负压通风，还有混合通风3种形式。

正压通风是让风机向鸭舍内吹风，使舍内空气压力大于鸭舍外，舍内空气通过排风口、门窗缝隙排向舍外。设计的时候要求风机的风力较小，而且安装时吹风口稍抬高，使吹进鸭舍的气流朝向屋架出，可以防止风直接吹到鸭身上。

负压通风是在鸭舍的末端安装风机，风机启动时将舍内空气排到舍外，使舍内形成负压，舍外空气通过设置在鸭舍前端的进风口进入舍内。这种方式要求鸭舍的密闭效果良好。

混合通风是在鸭舍的前端安装风机向舍内吹风，鸭舍末端安装的风机向舍外排风，这种方式的通风效果更好，一般用于气温较高的地区和季节。

14. 鸭舍的采光如何设计？

鸭舍采光分为自然采光和人工光照两种方式，这两种方式常常结合使用。

（1）自然采光　主要用于有窗鸭舍和卷帘式鸭舍，通过窗户、天窗、卷帘的非遮盖部分透光，使自然光线进入鸭舍内进行照明。这种形式的采光可以充分利用自然光照，降低用电量。但是，在夜间则无法采光，而且受外界光照时间和强度的影响较大。

（2）人工光照　通过安装在鸭舍内的灯泡进行光照，灯泡的类型有白炽灯、荧光灯、LED灯等。一般的白炽灯泡功率不超过40瓦，通过安装多组开关控制灯泡开启数量来控制鸭舍内的光照强度。

一些有窗鸭舍一般在白天采用自然光照，其他时间采用人工光照。

15. 鸭舍的防暑降温如何设计？

对于肉种鸭由于饲养期比较长，皮下脂肪厚、羽毛的隔热性能好，在夏天的时候对高温的耐受性比较差，如果环境温度超过30℃肉种鸭就会表现出热应激反应，采食量减少、产蛋率下降，温度超过33℃就可能造成部分个体出现中暑甚至死亡。因此，种鸭舍需要考虑安装防暑降温设备。

除提高鸭舍屋顶和墙壁的保温隔热性能外，防暑降温的常用方法就是安装"湿帘降温—纵向通风系统",当外界温度超过28℃就可以启用。外界高温的空气通过湿帘后温度能够下降3℃~7℃,而且纵向通风系统能够提高鸭舍内气流速度,降低体感温度,两者结合能够有效缓解热应激。这个系统主要用于养殖规模较大的鸭舍。

"湿帘降温—纵向通风系统"由湿帘和风机组成。湿帘安装在鸭舍的前端,风机安装在鸭舍末端,要保证鸭舍良好的密闭效果,当风机打开后外界空气通过湿帘后沿鸭舍的长轴流动,并不断被风机排出鸭舍。

鸭舍的风机要多安装几台,以便于在不同的情况下控制通风量和气流速度的大小。

16. 肉鸭场的车辆消毒室如何设计?

车辆进入生产区主要是为了运送饲料、垫料、雏鸭、出栏的肉鸭等。外来车辆一般不允许进入生产区,只有专用车辆才能经过消毒后进入。

车辆消毒室的设计包括两部分,一是地面消毒池,要求消毒池的深度为13厘米,长度3~4米,宽度4米。消毒池的两端为斜坡以便于车辆行走。二是喷雾消毒系统,车辆经过的大门为一个门廊,在门廊的顶部和两侧分别安装多个雾化喷头。在门廊的前边安装有光电控制系统,车辆进入时即可引发反应,启动高压泵将贮药桶内的消毒药水通过高压水管从喷头中喷出。这种消毒设施能够使车辆的大部分外表被消毒。

17. 肉鸭场的人员消毒室如何设计?

消毒室的流程为单向设计。消毒2部分的设计是用钢管设计成曲折的通道,保证人员通过的时间不少于30秒钟,地面为脚踏消毒垫或消毒池,上面安装喷雾消毒系统(图3-7)。

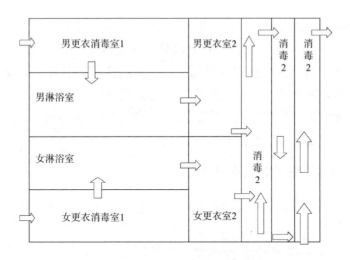

图 3-7　肉鸭场人员消毒室设计示意图

更衣室1的室内放置衣柜，工作人员进入后将衣服脱下后放在各自的衣柜内，同时室内安装有紫外线灯进行消毒。之后进入淋浴室进行全面的洗浴，洗浴结束后进入更衣室2，更衣室2中的衣柜内放置有工作服和专用鞋子，工作人员洗浴后换上工作服、工作鞋，之后经过消毒通道（消毒2）经过再次消毒后进入生产区。

18. 肉种鸭育雏舍如何设计?

无论商品肉鸭还是肉种鸭都有一个雏鸭培育过程。有的专业化肉鸭场把育雏和育肥鸭舍建为一体，有的分开建造。

单独设置育雏舍的专业化肉鸭场，一般有育雏舍和育肥舍两部分。根据季节（外界温度）肉鸭在育雏舍饲养3～4周，之后转到育肥舍继续饲养至出栏。育雏舍强调的是保温，舍内温度能够升高到35℃；育肥舍除在冬季和早春需要采取加热保温措施外，其他季节不需要加热设施。

如果把育雏和育肥鸭舍建为一体式鸭舍时，一般把鸭舍的前1/3部分建为有窗式房舍（称为加热区），其余2/3部分或是有窗式鸭舍或是棚舍或是卷帘式鸭舍（称为保温区）。加热区与保温区之间可以使用编织布进行隔挡。3周龄前的雏鸭饲养在加热区，21日龄后将大部分鸭群扩散到保温区。在加热区需要设置加热设施，这一部分鸭舍以加热保温为主，舍内温度能够达到35℃左右；保温区一般要求冬季舍内温度不低于18℃，夏季要有强制通风和降温设施，要避免舍内温度超过30℃。

19. 肉鸭的喂料设备有哪些?

（1）开食盘　用于雏鸭开食。开食盘为浅的塑料盘（图3-8），也可以用小号料桶的底盘作为开食盘使用。也有使用长方形搪瓷盘作为开食盘的。

图3-8　雏鸭开食盘

（2）料箱　由木板和木条制作而成，包括料箱和料槽（底盘）两部分。料槽的长度1～2米。不同日龄的肉鸭由于体型大小有所差异，料槽的深度和宽度应有区别，料槽太浅容易造成饲料浪费，太深影响采食。育雏期料槽边缘的高度一般为5厘米左右，青年鸭和成年鸭料槽深度分别约为10厘米和15厘米。各种类型料槽底部宽度为35～45厘米，上口宽度比底部宽5～10厘米。料箱安装在料槽的中间，高度在25～35厘米，箱体顶部宽度约30厘米、底部宽度约20厘米，安放在料槽底部后料箱的边缘与料槽的边框之间有10～15厘米的距离。在料槽的正中间用木板钉成三角形挡片，处于料箱的下部正中。当料箱内添加饲料后，饲料沿三角形挡片向两侧下滑，进入料槽内供鸭采食（图3-9）。

（3）料桶　可用养鸡的料桶代替，主要用于21日龄前肉鸭的饲养（图3-10）。其容量为2～10千克。

图 3-9　肉鸭饲喂用料箱　　　　图 3-10　料　桶

（4）料盆　一般都使用塑料盆，料盆口宽大，适合鸭采食的特点，是使用较普遍的喂料设备。价格低，便于冲洗消毒。盆直径40～45厘米，盆高度10～20厘米，盆底可适当垫高5～10厘米，防止饲料浪费。料盆主要用在3周龄以后的肉鸭和肉种鸭生产中。

（5）料槽　一般养鸡生产中使用的料槽不适于肉鸭饲养，主要是鸡用料槽的宽度偏小，影响鸭的采食和造成饲料的浪费。有舍外运动场的种鸭舍常常在舍外运动场用砖和水泥砌设料槽，料槽的深度约15厘米，宽度15～20厘米，用于1月龄以上鸭群的饲喂之用。

（6）螺旋弹簧式喂料机　广泛应用于平养鸭舍。电动机通过减速器驱动输料圆管内的螺旋弹簧转动，料箱内的饲料被送进输料圆管，再从圆管中的各个落料口掉进圆形料槽。由料箱、螺旋弹簧、输料管、盘筒式料槽、带料位器的料槽和传动装置等组成。螺旋弹簧和盘筒式料槽是其主要工作部件。螺旋弹簧为锰钢材质，多数采用矩形断面，也有圆形断面，前者推进效率高，矩形断面尺寸为8毫米×3毫米，圆形断面直径为5毫米。螺旋弹簧外面套有输料管，输料管的上方安装防栖钢丝，下方等距离地开设若干个落料口，落料口直径与盘筒式料槽相连，输料管末端安装带料位器的盘筒式料槽，其料位器采用簧管式（图3-11）。

图 3-11　螺旋弹簧式喂料系统

20. 肉鸭的饮水设备有哪些?

（1）水槽　可以用于10日龄以上的鸭群,有两种形式。一是将直径为12~15厘米的聚乙烯水管的上1/3部分切掉成槽状,但是每间隔1米要留下一处宽约7厘米的地方保持为圆环状,起到固定水槽形状的作用;在水槽的下部用木条做支架（每间隔1米放一个支架）固定水槽。这种水槽可以用于地面垫料平养和网上平养的饲养方式（图3-12）。

图3-12　用聚乙烯水管制作的水槽

另一种情况是用砖和水泥砌成的,设在鸭舍内的一侧。其宽度20厘米左右,深度约15厘米,沿水槽底部纵轴有2°的坡度,便于水从一端流向另一端。这种水槽适用于地面垫料平养方式。

为了防止鸭进入水槽,可以在水槽的侧壁安设金属或竹制栏栅,高度50厘米,栅距约6厘米。

（2）水盆　可以使用普通的洗脸盆。为了防止鸭跳入水盆,可以在盆外罩上上小下大的圆形栏栅。水盆适用于4周龄以上的鸭群（图3-13）。

（3）真空饮水器　真空饮水器为塑料制品,规格有多种,使用方便、卫生,可以防止饮水器洒水将垫料弄湿。主要用于1月龄以内的肉鸭（图3-14）。

图3-13　水　盆

图3-14　真空饮水器

（4）乳头式饮水器　有肉鸭专用乳头式饮水器。使用过程中要随鸭体格的长大而经常调整高度。适用于各种类型和日龄的肉鸭（图3-15）。

（5）吊塔式饮水器　不同于真空饮水器，悬吊于房顶，与自来水管相连，不需人工加水。随着肉鸭日龄的增加需要逐渐提高高度（图3-16）。

图 3-15　肉鸭乳头式饮水器

图 3-16　吊塔式饮水器

21. 肉鸭舍的加热设备有哪些?

商品肉鸭和肉种鸭育雏期都需要较高的舍内温度，在肉鸭舍和育雏舍都需要安装加热设备用于升高或保持舍温。

（1）地下火道　是中小规模肉鸭养殖过程中使用较多，而且效果较好的一种加热设备（图3-17）。它是在鸭舍的一端设置炉灶，灶坑深约1.5米，炉膛比鸭舍内地面低约50厘米，在鸭舍的另一端设置烟囱。炉膛与烟囱之间由3~5条管道相连，管道均匀分布在鸭舍内的地下，一般管道之间的距离在1.5米左右。靠近炉膛处管道上壁距地面约25厘米，靠近烟囱处距地面约7厘米。

使用地下火道加热方式的鸭舍，地面温度高、室内湿度小。缺

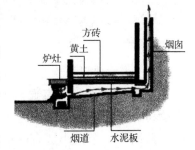
图 3-17　地下火道示意图

点是老鼠易在管道内挖洞而堵塞管道，另外管道设计不合理时舍内各处温度不均匀。

（2）地上烟道　也称为火垄。地上水平烟道是在育雏舍墙外建一个炉灶，根据育雏舍面积的大小在舍内用砖砌成一个或两个烟道，一端与炉灶相通。烟道排列形式因房舍而定。烟道另一端穿出对侧墙后，沿墙外侧建一个较高的烟囱，烟囱应高出鸭舍1米左右，通过烟道对地面和育雏舍空间加温。烟道供温应注意烟道不能漏气，以防煤气中毒。烟道供温时舍内空气新鲜，粪便干燥，可减少疾病感染，适用于广大农户养鸭和中小型鸭场，对平养和笼养均适宜。

（3）煤炉供温　煤炉由炉灶和铁皮烟筒组成。使用时先将煤炉加煤升温后放进育雏舍内，炉上加铁皮烟筒，烟筒伸出舍外，烟筒的接口处必须密封，以防煤烟漏出致使雏鸭发生煤气中毒死亡。此方法适用于较小规模的养鸭户使用，方便简单。

（4）保温伞供温　保温伞由伞部和内伞两部分组成。伞部用镀锌铁皮或隔热布制成伞状罩，内伞有隔热材料，以利保温。热源用电阻丝、电热管子或煤炉等，安装在伞内壁周围，伞中心安装电热灯泡。直径为2米的保温伞可养鸭250～400只。保温伞育雏时要求舍温24℃以上，伞下距地面高度5厘米处温度35℃，雏鸭可以在伞下自由出入。此种方法

图3-18　保温伞

一般用于平面垫料育雏（图3-18）。

（5）红外线灯泡育雏　利用红外线灯泡散发出的热量育雏，简单易行，被广泛使用。为了增加红外线灯的取暖效果，可在灯泡上部制作一个大小适宜的保温灯罩，红外线灯泡的悬挂高度一般离地25～30厘米。1只250瓦的红外线灯泡在舍温25℃时一般可

供100只雏鸭保温，舍温20℃时可供70只雏鸭保温。

（6）**热风炉** 炉体安装在舍外，进风管盘绕在炉膛周围，空气加热后（温度能够达到60℃）经过安装在送风管内的风机将热空气通过送风管输送入舍内，送风管由帆布或铝合金制成，靠下方有直径0.5~1厘米的出风孔，热空气通过出风孔进入舍内。热风炉的主要燃料为煤，也可以用燃油。热风炉使用效果好，但安装成本较高。热风炉一般用于饲养量较大的鸭舍（图3-19）。

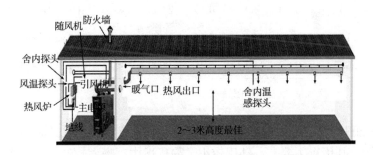

图 3-19 鸭舍热风炉示意图

（7）**暖风系统** 由小型锅炉、热水管道、散热片、回水管、水泵等部分组成。每间隔2米安装1个散热片，每个散热片后面有1台小风机，启动后能将加热的空气吹到鸭舍内的各部位（图3-20）。这种加热方式一般用在大型肉鸭舍。

22. 肉鸭舍的通风设备有哪些?

图 3-20 鸭舍暖风系统示意图

（1）**低压大流量轴流风机** 是目前在畜禽舍的建造上使用较多的风机类型，国内有不少企业都可以生产，表3-1显示了某些风机的技术参数。常在大中型肉鸭舍使用，主要用于负压通风。

表 3-1　低压轴流风机的技术参数

型　号	叶轮直径（毫米）	叶轮转速（转/分）	电机功率（千瓦）	风量（米³/小时）	噪声（分贝）	外形尺寸（毫米）
9FZJ-1400	1400	310	1.5	60000	<76	1550×1550×441
9FZJ-1250	1250	350	0.75	42000	<76	1400×1400×432
9FZJ-900	900	450	0.45	27500	<76	1070×1070×432
9FZJ-710	710	636	0.37	13000	<76	815×815×432
9FZJ-560	560	800	0.25	9000	<71	645×645×412

注：转速及流量均为静压时的数据。

低压轴流风机所吸入的和送出的空气流向与风机叶片轴的方向平行。其优点主要有：动压较小、静压适中、噪声较低，流量大、耗能少、风机之间气流分布均匀。在大、中型畜禽舍的建造中多数都使用了这种风机。

（2）环流通风机　广泛应用于温室大棚、畜禽舍的通风换气，尤其对封闭式棚舍湿气密度大，空气不易流动的场所，按定向排列方式作接力通风，可使棚舍内的混杂湿热空气流动更加充分，降温效果极佳。该产品具有低噪音、风量大且柔和，低电耗，效率高，重量轻，安装使用方便等特点。

（3）吊扇　主要用途是促进鸭舍内空气的流动，饲养规模较小的鸭舍在夏季可以考虑安装使用。

（4）壁扇　安装在鸭舍内的墙壁上，启动后能够吹动附近的空气流动；也可以安装在墙壁或窗户上向鸭舍内吹风。

23. 肉鸭舍的采光设备有哪些？

（1）灯泡　生产上使用的主要是白炽灯泡，个别有使用日光灯的。日光灯的发光效率比白炽灯高，40瓦的日光灯所发出的光相当于80瓦的白炽灯。但是，日光灯的价格较高，低温时启动受影响。目前，一些养鸭场已经开始使用LED灯泡。没有安装光照自动控制系统的鸭舍，要求在鸭舍内将灯泡成列安装，灯泡之间的距离为3米左右，每列灯泡有一个电闸控制。灯泡距地面或网床的床面1.7米左右。

（2）光照自动控制仪　也称24小时可编程序控制器，根据需要可以人为设定灯泡的开启和关闭时间，免去了人工开关灯所带来的时间误差及人员劳动量大的问题。如果配备光敏元件，在鸭舍需要光照的期间还可以在自然光照强度足够的情况下自动开、关灯，节约电力。

24. 肉鸭的消毒设备有哪些？

（1）喷雾器　有多种类型，一般有背负式农用喷雾器或畜禽舍专用消毒喷雾器等，主要用于禽舍内外环境的喷洒消毒；还有一种背负式电动喷雾器，其效率更高（图3-21）。

图 3-21　喷雾消毒器

（2）高压冲洗设备　在大型肉鸭场还要配备高压消毒、冲洗设备，用于出栏后的鸭舍和场内道路、车辆的冲洗和消毒

（图3-22）。

（3）紫外线灯　用于人及其他物品的照射消毒，功率为40～90瓦。一般安装在生产区入口处的消毒室内，也可以安装在禽舍的进口处。它所发出的紫外线可以杀灭空气中及物体表面的微生物。

（4）臭氧发生器　臭氧发生器在饮用水，污水，工业氧化，食品加工和保鲜，医药合成，空间灭菌等领域广泛应用。臭氧发生器产生的臭氧气体可以直接利用，也可以通过混合装置和液体混合参与反应。在鸭场内主要用于饮水消毒和特定的空间消毒。

（5）超声波雾化消毒器　是利用共振原理实现消毒的。也就是利用压电陶瓷（雾化片）所固有超声波振荡特点，通过一定的振荡电路与压电陶瓷固有振荡频率产生共振，将与压电陶瓷所接触的液体雾化成1～10微米的颗粒，同时产生大量负离子。然后通过风扇把水雾吹散出去，达到雾化效果（图3-23）。可以用于人员通道、空鸭舍、种蛋库的消毒。

图 3-22　高压冲洗消毒器

图 3-23　超声波人员通道雾化消毒器

四、肉鸭的营养需要与饲料配制

1. 什么是饲养标准？

饲养标准是根据大量饲养实验结果和动物生产实践的经验总结，对各种特定动物所需要的各种营养物质的定额做出的规定，这种系统的营养定额及有关资料统称为饲养标准。它规定了畜禽在不同体重、年龄、生理状态和生产水平条件下，每天应给予的能量及各种营养物质的最低数量指标，称为饲养标准，或称为营养需要。

饲养标准大致可分为两类：一类是国家规定和颁布的饲养标准，称为国家标准，如1986年国家农牧渔业部批准并颁布的"中华人民共和国鸡的饲养标准"；美国国家研究所委员会制定的"NRC饲养标准"等。另一类是大型育种公司根据各自培育的优良品种或品系的特点，制定的符合该品种或品系营养需要的饲养标准，称为专用标准。

饲养标准为人们合理设计饲料提供了技术依据。饲养标准中提供的营养指标有能量（代谢能、消化能、净能）、蛋白质（粗蛋白质、可消化粗蛋白质）、蛋白能量比、粗脂肪、粗纤维、钙、磷（有效磷、总磷）、各种氨基酸，各种微量矿物质元素和维生素等，这些营养指标的不足和过量对动物生产性能都会产生不良影响。

2. 我国的肉鸭饲养标准是什么?

我国制定的肉鸭饲养标准见表4-1。

表4-1　肉用鸭的饲养标准　　（参考）

营养成分	单位	0～3周龄	4～8周龄	育成期	种　鸭
代谢能	兆焦/千克	11.715	11.715	10.460	11.506
代谢能	千卡/千克	2800	2800	2500	2750
粗蛋白质	%	22	19	14	17.5
精氨酸	%	1.0	0.9	0.7	0.8
蛋氨酸	%	0.42	0.30	0.26	0.28
蛋+胱氨酸	%	0.80	0.58	0.50	0.53
赖氨酸	%	1.1	0.73	0.54	0.85

3. 美国NRC（1994）建议的北京白鸭饲养标准是什么?

北京白鸭饲养标准见表4-2。

表4-2　美国NRC（1994）建议的北京白鸭日粮中营养物质需要量

营养物质	单　位	0～2周龄	2～7周龄	种　鸭
代谢能	兆焦/千克	12.13	12.55	12.13
粗蛋白质	（%）	22	16	15
精氨酸	（%）	1.1	1.0	
异亮氨酸	（%）	0.63	0.46	0.38
亮氨酸	（%）	1.26	0.91	0.76
赖氨酸	（%）	0.90	0.65	0.60
蛋氨酸	（%）	0.40	0.30	0.27
蛋+胱氨酸	（%）	0.70	0.55	0.50
色氨酸	（%）	0.23	0.17	0.14
缬氨酸	（%）	0.78	0.56	0.47
钙	（%）	0.65	0.60	2.75
非植酸磷	（%）	0.40	0.30	—

注：干物质90%。

4. 樱桃谷肉鸭的饲养标准是什么？

SM$_{2i}$（改进型）种鸭（父母代）饲料营养最低需要量，见表4-3，表4-4。

表4-3　SM$_{2i}$（改进型）种鸭（父母代）饲料营养最低需要量推荐表

营养成分	饲料类型	育雏期	生长期	产蛋期
蛋白质	典型的（%）	22	15.5	19.5
油脂	典型的（%）	5	4	4
维生素	典型的（%）	3.5	4.5	4
代谢能量	兆焦/千克	12.13	11.92	11.30
赖氨酸	最低（%）	1.2	0.7	1.1
蛋+胱氨酸	最低（%）	0.8	0.55	0.68
钙	最低（%）	1	0.9	3.5
有效磷	最低（%）	0.5	0.4	0.45
亚油酸	最低（%）	0.75	0.75	1.1

表4-4　SM$_3$父母代樱桃谷肉种鸭和商品代肉鸭饲养标准

营养成分		种鸭饲料			商品鸭饲料			
		初始期0~8周	生长期9~20周	产蛋期20周后	初始期1 0~9天	初始期2 10~16天	生长期17~42天	最终期43至屠宰
代谢能量	千卡/千克	2900	2850	2700	2850	2900	2900	2950
	兆焦/千克	12.13	11.92	11.30	11.92	12.13	12.13	12.34
粗蛋白质（%）		20.00	15.50	19.50	22.00	20.00	18.50	17.00
总赖氨酸（%）		1.30	0.70	1.20	1.35	1.17	1.00	0.88
可利用赖氨酸（%）		1.10	0.59	1.02	1.15	1.00	0.85	0.75
总蛋氨酸（%）		0.10	0.31	0.39	0.50	0.47	0.42	0.42
总蛋+胱氨酸（%）		0.70	0.55	0.68	0.90	0.84	0.75	0.70
可利用蛋+胱氨酸（%）		0.65	0.51	0.63	0.80	0.75	0.66	0.66

续表 4-4

营养成分	种鸭饲料			商品鸭饲料			
	初始期0~8周	生长期9~20周	产蛋期20周后	初始期1 0~9天	初始期2 10~16天	生长期17~42天	最终期43至屠宰
总苏氨酸（%）	0.90	0.55	0.65	0.90	0.85	0.75	0.75
总色氨酸（%）	0.21	0.14	0.21	0.23	0.21	0.20	0.19
油脂（脂肪）（%）	4.00	4.00	4.00	4.00	4.00	5.00	4.00
亚油酸（%）	1.00	0.75	1.50	1.00	1.00	0.75	0.75
纤维素（%）	4.00	4.50	4.00	4.00	4.00	4.00	4.00
钙（最低）（%）	1.00	0.90	3.75	1.00	1.00	1.00	1.00
可利用磷（最低）（%）	0.50	0.40	0.40	0.50	0.50	0.35	0.32
钠（最低）（%）	0.18	0.18	0.18	0.20	0.18	0.18	0.18
钾（最低）（%）	0.60	0.40	0.60	0.60	0.60	0.60	0.60
氯化物（最低）（%）	0.18	0.14	0.18	0.20	0.18	0.17	0.16
胆碱（克/吨）	1500	1500	1500	1500	1500	1500	1500
维生素和微量元素补充剂（%）	1	1	3	1	1	2	2

维生素和微量元素推荐量

维生素补充量	1	2	3	微量元素补充量	1	2	3
A（百万单位/吨）	13.5	10	15	锰 （克/吨）	100	80	100
D_3（百万单位/吨）	3	3	4	锌 （克/吨）	100	80	100
E（克/吨）	100	100	100	铜 （克/吨）	15	15	15
B_1（克/吨）	3	3	5	铁 （克/吨）	50	50	50
B_2（克/吨）	12	10	16	钴 （克/吨）	1	1	1
B_6（克/吨）	4	3	4	碘 （克/吨）	3	2	3
B_{12}（毫克/吨）	25	15	25	钼 （克/吨）	0.5	0.5	0.5
K（克/吨）	10	10	5	硒 （毫克/吨）	250	250	250
叶酸（克/吨）	2	2	2.5				
生物素（毫克/吨）	250	150	200				
烟酸（克/吨）	75	45	50				
泛酸（克/吨）	16	12	20				

5. 南特肉鸭（ST5M）父母代各阶段营养需要量如何?

南特肉鸭父母代营养需要量，见表4-5。

表4-5　南特肉鸭（ST5M）父母代各阶段营养需要量

营养元素	育雏期 （0~8周龄）	育成期 （9~22周龄）	产蛋前期 （23~30周龄）	产蛋高峰 期至结束 （31~75周龄）
粗蛋白质（%）	19	15	17.5	17.0
钙（%）	1	0.95	3.3	3.5
总磷（%）	0.67	0.62	0.61	0.61
可利用磷（%）	0.44	0.38	0.4	0.4
氯化钠（%）	0.2	0.3	0.15	0.15
赖氨酸（%）	1	0.75	0.87	0.84
蛋氨酸（%）	0.49	0.35	0.47	0.421
蛋+胱氨酸（%）		0.56	0.78	0.719
苏氨酸（%）		0.56	0.7	0.679
色氨酸（%）		0.16	0.213	0.206
代谢能（兆焦/千克）	11.91	11.79	11.29	11.29

6. 影响肉鸭营养需要量的因素有哪些?

肉鸭的营养需要量受很多因素的影响，这也是在肉鸭养殖实践中需要结合这些情况变化对饲养标准进行适当调整的依据。

（1）环境温度　在温度适宜的情况下肉鸭的营养需要量相对稳定，温度偏低则肉鸭需要消耗较多的营养用于维持体温的稳定，要保持良好的生产性能就需要适当提高饲料能量水平；温度偏高虽然维持体温所消耗的营养减少，但是会因为热应激造成肉鸭采食量下降，需要提高各种营养素的含量。

（2）生产性能　生产性能越高则需要的营养素越多。

（3）健康状况　病理状态下肉鸭会增加对某些营养素的需要量。

（4）饲养方式和运动量　饲养方式与肉鸭的运动量密切相关，如舍内圈养的活动量小，营养消耗也少；舍外活动会增加营养消耗；水中活动则营养消耗更大。因此，为了维持较好的饲料效率常常限制肉鸭的运动量。

7. 什么是配合饲料？

配合饲料是指依据动物的不同生长阶段、不同生理要求、不同生产用途的营养需要，以及以饲料营养价值评定的实验和研究为基础，按科学配方把多种不同来源的饲料原料，依一定比例均匀混合，并按规定的工艺流程生产的商品饲料。在肉鸭生产上主要类型有全价配合饲料、浓缩饲料、预混料。

8. 肉鸭常用的能量饲料原料有哪些？

能量饲料在配合饲料主要是提供能量，其碳水化合物含量高。常用的能量饲料主要有以下几种：

（1）玉米　含代谢能约13.56兆焦/千克（3.24兆卡/千克），玉米的颜色有黄、白之分，黄玉米含有少量胡萝卜素，有助于蛋黄和皮肤的着色。粗蛋白质含量约为8%，粗脂肪含量约4%。

（2）小麦　含代谢能约12.72兆焦/千克（3.04兆卡/千克），粗蛋白质含量15.9%左右，脂肪含量低，为1.7%左右。

（3）碎米　是大米加工过程中破碎的米粒，营养成分与大米相似。其代谢能约12.62兆焦/千克（3.02兆卡/千克），粗蛋白质含量14%左右，粗脂肪含量1.5%左右。

（4）次粉　是小麦加工成面粉时的副产品，为胚芽、部分碎麸和粗粉的混合物。其含代谢能12.51兆焦/千克（2.99兆卡/千克）左右，粗蛋白质含量13.6%左右。

（5）油脂　为高热能来源，代谢能为32.5兆焦/千克（7.79兆卡/千克）左右。在肉鸭饲料中一般都要添加。能改善饲料效率并促进生长，是肉鸭必需脂肪酸的重要来源；改善色素及脂溶性维生素的吸收和利用；提高饲料适口性，因粉状饲料干涩难咽，添加油脂后采食容易并具有油香，采食量也跟着增加。

9. 肉鸭常用的植物性蛋白质饲料原料有哪些?

（1）**大豆** 大豆含有丰富的粗蛋白质（35%左右），与玉米比较，赖氨酸高10倍，蛋氨酸高2倍，胱氨酸高3.5倍，色氨酸高4倍。但大豆含有胰蛋白酶抑制物，进入鸭体内抑制胰蛋白酶的活性，从而降低饲料转化率，所以用大豆喂肉鸭时，一定要将其煮熟或炒熟后饲喂。目前，常用的方法是采用膨化处理。

（2）**豆粕** 豆饼粗蛋白质含量高，平均达43%，且赖氨酸、蛋氨酸、色氨酸、胱氨酸比大豆高15%以上，是目前使用最广泛、饲用价值最高的植物性蛋白质饲料。其缺点是：蛋氨酸偏低，含胡萝卜素、硫胺素和核黄素较低。在配制日粮时，添加少量动物性蛋白质饲料，如鱼粉，即可达到蛋白质的互补作用。加工过程中一定要经过加热处理。

（3）**花生饼** 花生饼含粗蛋白质40%左右，大部分氨基酸基本平衡，适口性好，无毒性。但脂肪含量高，不易贮存，易产生黄曲霉毒素，限制了其在肉鸭饲料中的使用量，一般多与豆饼合并使用。

（4）**棉籽粕** 棉籽饼含粗蛋白质34%左右，但由于游离棉酚的存在，喂鸭后易发生累积性中毒，加之粗纤维含量高，因而在鸭饲料中要限制使用。种鸭不宜饲用。

（5）**菜籽粕** 菜籽饼含粗蛋白质36%左右，可代替部分豆饼喂鸭。由于含有毒物质（芥子苷），喂前宜采取脱毒措施，未经脱毒处理的菜籽饼要严格控制喂量，在饲料中一般用量为5%～7%。种鸭不宜饲用。

10. 肉鸭饲料中常用的动物性蛋白质饲料原料有哪些?

常用的动物性蛋白质饲料主要有鱼粉、肉骨粉、蚕蛹、肉渣等，其共同特点是蛋白质含量高、品质好，不含粗纤维，维生素、矿物质含量丰富，是肉鸭的优良蛋白质饲料。其不足之处在于价格偏高，质量不稳定。

11. 肉鸭常用的粗饲料原料有哪些？

（1）小麦麸　是生产面粉的副产物。由于粗纤维含量高，代谢能含量就很低，只有6.82兆焦/千克（1.63兆卡/千克）左右，粗蛋白质15.7%左右。小麦麸结构蓬松，有轻泻性，在日粮中的比例不宜太多。在商品肉鸭配合饲料中基本不用。

（2）米糠　是糙米加工成白米时的副产物。含代谢能11.21兆焦/千克（2.68兆卡/千克）左右，粗蛋白质14.7%左右，米糠中含油量很高，可达16.5%。在贮存不当时，脂肪易氧化而发热霉变。因此，必须用新鲜米糠配料。

（3）叶粉　包括槐树叶粉、松针粉、苜蓿草粉等。一般只在种鸭饲料中少量添加。

12. 肉鸭常用的矿物质饲料原料有哪些？

（1）石粉　为石灰岩、大理石矿综合开采的产品，基本成分是碳酸钙，含钙量34%～38%，是最廉价的钙源饲料。

（2）贝壳粉　贝壳是海水和淡水软体动物的外壳，主要成分也是碳酸钙，含钙量与石粉相似。新鲜贝壳须经加热、粉碎，以免传播疾病。而死贝的壳有机质已分解，比较安全。贝壳中常夹杂细沙、泥土，含有这些杂质的贝壳粉含钙量低。

（3）骨粉　由动物骨骼经热压、脱脂、脱胶后干燥、粉碎而成，其基本成分是磷酸钙，优质骨粉含钙28%、磷13.1%，钙磷比例为2∶1，是钙、磷较平衡的矿物质饲料。

（4）磷酸氢钙　无结晶水的磷酸氢钙含钙29.46%、磷22.77%，二结晶水的磷酸氢钙含钙23.29%、磷18.01%，磷酸氢钙中的钙、磷容易被动物吸收，是最常用的钙、磷饲料。此外，磷酸钙、过磷酸钙也是含钙、磷丰富的饲料，但吸收率不及磷酸氢钙。

（5）食盐 主要成分是氯化钠，能提供植物性饲料较为缺乏的钠和氯两种元素，同时具有调味作用，能增强动物食欲。

13. 如何使用肉鸭的维生素添加剂？

维生素添加剂是根据鸭的营养需要，由多种维生素（维生素A、D、E、K和B族）、稀释剂、抗氧化剂按比例、次序和一定的生产工艺混合而成的饲料预混剂，复合维生素一般不含有维生素C和胆碱（维生素C呈现较强的酸性、胆碱呈现较强的碱性，它们会影响其他维生素的稳定性，而且胆碱吸湿性比较强），所以在配制鸭配合饲料时，一般还要在饲料中另外加入氯化胆碱。如鸭群患病、转群、运输及其他应激时，需要在饲料中加入维生素C，应另外加入。一些复合维生素中可能加入了维生素C，但对处于高度应激环境中的肉鸭来说，其含量是不能满足需要的。

使用过程中复合维生素在配合料中的添加量应比产品说明书推荐的添加量略高一些。一般在冬季和春、秋两季，商品复合多维的添加量为每吨饲料中添加200克，夏季可提高至300克，种鸭产蛋期为400克。如果没有肉鸭专用的复合多种维生素，也可选用肉鸡多种维生素。如果在种鸭饲养过程中使用一定量的青绿饲料则可以适当减少复合维生素的添加量。

14. 如何使用肉鸭的微量元素添加剂？

复合微量元素添加剂是由硫酸亚铁、硫酸铜、硫酸锰、硫酸锌、碘化钾等化学物质按照饲养标准的要求用一定的比例搭配而成的。由于在加工过程中载体使用量不同其在配合饲料中的添加量也有较大差异，生产中常用的添加量有0.1%、0.5%、1%和2%等多种类型。一般来说，在选用时应该考虑使用添加量为0.1%或0.5%的产品。

15. 如何使用肉鸭的氨基酸添加剂?

氨基酸添加剂主要是单项的限制性氨基酸,主要作用是平衡饲料中氨基酸的比例,提高饲料蛋白质的利用率和充分利用饲料蛋白质资源。在天然的不同饲料原料中氨基酸的种类、数量差异很大,因此氨基酸之间的比例只有通过另外添加来进行平衡。氨基酸添加剂由人工合成或通过生物发酵生产。鸭配合料中常用的氨基酸有以下几种:赖氨酸添加剂、蛋氨酸及其类似物、苏氨酸添加剂、色氨酸添加剂等。

16. 肉鸭常用的益生素有哪些?

益生素是通过改善饲养动物肠道菌群平衡而对动物产生有益作用的活性菌发酵中药类微生物饲料添加剂。原料组成主要有乳酸菌、酵母菌、芽孢杆菌、药用植物超微粉、培养基。

益生素的作用主要表现在:改善肠道微生态环境,建立起良好的肠道微生物群系;益生素中有硝化菌,可阻止毒性胺和氨的合成,可净化动物肠道微生态环境。肠道有益菌,特别是乳酸菌,对动物的免疫系统具有促进作用,对特异性的细胞和体液免疫以及非特异性免疫(吞噬和补体反应)都有重要作用。含有淀粉酶、蛋白酶、多聚糖酶等碳水化合物分解酶,消除抗营养因子,促进动物的消化吸收,合成维生素、螯合矿物元素,为动物提供必需的营养补充。

17. 商品饲料的形状有哪些?

商品饲料的形状主要有3种:

(1)**粉状饲料** 是各种饲料原料经过粉碎后按照一定的比例混合均匀的产物。包括预混料、浓缩料和全价粉状配合饲料,都属于粉状饲料。全价粉状配合饲料主要用于肉种鸭。

(2)**颗粒饲料** 这是商品肉鸭生产中最常用的饲料类型。它是全价粉状配合饲料经过高温蒸汽处理后通过制粒机生产出的产品,外形为圆柱状，直径3~5毫米，长度8~12毫米，适用于不同周龄的肉鸭。颗粒饲料中营养全面，适口性好，浪费少。

（3）碎粒料　是雏鸭颗粒饲料经过破碎后的产品，大小与绿豆相似，主要用于7日龄前的雏鸭，方便采食。

18. 市场上销售的肉鸭饲料有哪几类？

目前，市场上销售的肉鸭饲料从营养成分的主要组成上分有3种：

（1）全价配合饲料　是针对特定的喂饲对象、依据特定的饲养标准将多种饲料原料和添加剂按照一定的比例混合均匀后的产品。如果不经过制粒则是粉状全价饲料，如果经过制粒则是颗粒饲料。这种类型的饲料可以直接用于饲喂。

（2）浓缩饲料　简称浓缩料，是将全价饲料中的蛋白质饲料、矿物质饲料和添加剂等饲料原料按照特定比例混合后的产品。当鸭场购买后再添加一定比例的能量饲料（主要为玉米或次粉等，也有添加油脂的）后就可以用于饲喂。

（3）预混料　是同一类的多种添加剂或不同类型的多种添加剂按一定比例配制而成的匀质混合物。使用较多的是多种添加剂（包括各种维生素、微量元素、氨基酸、酶制剂等）与载体按照一定比例混合均匀后的产品，在全价饲料中的添加量为3%~10%。使用时需要按照产品说明再添加蛋白质饲料和能量饲料，如果是繁殖期种鸭还需要添加石粉。

19. 饲料配制的原则是什么？

（1）选择适当的饲养标准　选择饲养标准要结合当地实际情况如气候、季节、饲养方式、鸭舍构造、饲养密度、饲料条件、鸭的品种、日龄、出售体重、生长速度、饲料转化率、管理经验等，适当加以调整，不能生搬硬套。

（2）使用来源充足的饲料原料　要充分掌握当地的饲料来源情

况和价格，主要的饲料原料尽可能利用当地的饲料资源，并尽可能选择质优价廉者，以配出质优价廉的全价料。

（3）注意营养互补　饲料原料的种类，要多种搭配，避免品种单一，以保证营养完善。

（4）饲料的体积要小　因为肉鸭要求能量高，营养全价，而鸭的采食量又有限，因此对饲料体积有所要求，饲料的营养浓度要高，最好采用颗粒料。

（5）饲料原料的品质和适口性要好　如饲料品质不良或适口性差，即使计算营养成分够，而实际上并不能满足肉鸭的营养需要，所以品质不良、霉败、变质的饲料不能用。

（6）保证饲料的卫生质量　饲料要清洁、卫生、无异物，更不能有病原微生物污染。

（7）饲料混合要均匀　配合饲料时，混合一定要均匀，特别是维生素、微量元素、药品、氨基酸等添加剂，量很小，如不混匀，便不能起到应有的作用，有的将会出现危害。

20. 购买饲料需注意什么事项？

购买饲料前先进行市场调查，向饲养同类肉鸭的养殖场户了解所使用饲料的情况，然后货比三家进行筛选，做到心中有数。

不要偏听厂家销售人员的虚假宣传，导致不辨真伪，随意购买；许多销售人员会夸大其产品的质量。

选择大的饲料生产企业，因为大的企业设备先进，资金雄厚，技术力量强，研发团队完善，售后服务到位。

不要在网上购买。因为饲料不像其他商品质量好坏一看便知。

提前学习一些肉鸭饲料的相关知识，用专业知识去衡量商品饲料的质量。

选择证照齐全，制度健全，购销台账完善，有固定实体店，口碑好，信誉佳的商家销售的品牌饲料，不购买流动商的饲料。

饲料外包装结实完整，无泄漏，图案清晰美观，有厂名、厂址、电话；饲料标签完整，标签内容完整，工商注册商标，执行标准，质量检验合格证，生产许可证号、二维码、出厂日期，有效期，畜别用途。

观察饲料颜色和颗粒，色泽是否均匀，有无结块、发霉现象；闻气味，一般较好的饲料有其特定的芳香味，有无发霉味、油脂哈喇味，酒糟味、氨气味及其他怪味。

21. 肉鸭饲料配方有哪些实例？

（1）肉鸭前期（第1~21天）

配方1：玉米50％，菜籽粕7％，豆粕13％、次粉15.25％，鱼粉7.5％，肉粉1％，贝壳粉1％，食盐0.25％，预混合饲料5％。

配方2：玉米55％，次粉13％，肉粉5％、豆粕20％，贝壳粉0.4％，食盐0.35％，油脂1.25％、预混合饲料5％。

（2）肉鸭后期（第21天至出栏）

配方1：玉米50％，次粉15％，菜籽粕5％，豆粕17％，鱼粉4.5％，贝壳粉1％、食盐0.5％、油脂2％，预混合饲料5％。

配方2：玉米48％，次粉20％，豆粕18％，肉粉5％，贝壳粉0.5％，骨粉1％，食盐0.5％、油脂2％，预混合饲料5％。

配方3：玉米55％，次粉14％，豆粕15％，菜籽粕7％，贝壳粉0.5％，骨粉1％，食盐0.5％、油脂2％，预混合饲料5％。

22. 为什么不建议自配商品肉鸭饲料？

（1）无设备 商品肉鸭多采用颗粒饲料，一般的小型饲料厂没有颗粒饲料加工设备，无法生产出合格的颗粒饲料。

（2）无法保证主要原料的质量 大型饲料厂每次购入饲料原料都会对其主要营养成分进行分析化验，以保证原料的质量，同时结合其营养成分的含量调整饲料配方。小场自配饲料则很难掌握其营养成分，如果按照书本上介绍的配方或成分表则可能与饲养标准有出入。

（3）饲料价格无优势　大型饲料厂购买各种饲料原料和添加剂的数量大，供应商乐意与他们合作，不仅提供的产品质量有保障，价格也相对较低。

23. 饲料中禁止使用的药物和添加剂有哪些?

农业部、卫生部、国家药品监督管理局于2002年3月联合发布"176号公告"，公布了《禁止在饲料和动物饮水中使用的药物品种目录》，该目录中禁止在饲料中添加或在动物饮水中添加的药物包括5类40种，如下：

（1）肾上腺素受体激动剂　包括盐酸克仑特罗（瘦肉精）、沙丁胺醇、硫酸沙丁胺醇、莱克多巴胺、盐酸多巴胺、西马特罗（Cimaterol）、硫酸特布他林，共7种。

（2）性激素　包括己烯雌酚、雌二醇、戊酸雌二醇、苯甲酸雌二醇、氯烯雌醚、炔诺醇、炔诺醚、醋酸氯地孕酮、左炔诺孕酮、炔诺酮、绒毛膜促性腺激素（绒促性素）、促卵泡生长激素（主要含卵泡刺激素FSH和黄体生成素LH），共12种。

（3）蛋白同化激素　包括碘化酪蛋白、苯丙酸诺龙及苯丙酸诺龙注射液，共2种。

（4）精神药品　包括（盐酸）氯丙嗪、盐酸异丙嗪、地西泮、苯巴比妥、苯巴比妥钠、巴比妥、异戊巴比妥、异戊巴比妥钠、艾司唑仑、甲丙氨酯、咪达唑仑、硝西泮、奥沙西泮、匹莫林、三唑仑、唑吡旦及其他国家管制的精神药品，共18种。

（5）各种抗生素滤渣　该类物质是抗生素类药物在生产过程中产生的工业三废。各种抗生素滤渣均不应该作为饲料原料或药物性饲料添加剂使用。

农业部又于2002年4月发布了"193号公告"，公布了《食品动物禁用的兽药及其他化合物清单》。该清单中共列出了21类（种）药物。除去用作水生动物杀虫剂、消毒剂的10种以外，尚有11类

（种）禁用的兽药，包括：

①兴奋剂类：克仑特罗、沙丁醇胺、西马特罗及其盐、酯制剂。

②性激素类：己烯雌酚及其盐、酯制剂。

③具有雌激素样作用的物质：玉米赤霉醇、去甲雄三烯酮、醋酸甲羟孕酮及制剂。

④氯霉素及其盐、酯及制剂。

⑤氨苯砜及制剂。

⑥硝基呋喃类：呋喃唑酮、呋喃它酮、呋喃苯烯酸钠及制剂。

⑦硝基化合物：硝基酚钠、硝呋烯腙、呋喃苯烯酸钠及制剂。

⑧催眠镇静类：安眠酮（甲喹酮）及制剂。

⑨性激素类：甲睾丸酮、丙酸睾酮、苯丙酸诺龙、苯甲酸雌二醇及其盐、酯及制剂。

⑩催眠镇静类：氯丙嗪、地西泮及其盐、酯及制剂。

⑪硝基咪唑类：甲硝唑、地美硝唑及其盐、酯及制剂。

五、肉种鸭生产技术

肉种鸭的饲养期比较长，通常分为3个时期，即育雏期、育成期和繁殖期。育雏期是指4周龄之前，育成期指5~18周龄，预产时期指18~25周龄，繁殖期指25周龄至淘汰。一般肉种鸭的淘汰时间是在65周龄前后。

1. 育雏期肉种鸭的饲养目标是什么？

育雏期间肉种鸭的饲养目标主要有3个：

（1）高成活率 种雏鸭抗病力差，体质弱，如果卫生防疫管理不到位容易造成雏鸭感染疾病；雏鸭的自卫能力差，如果猫、狗甚至老鼠进入育雏舍也会对雏鸭造成伤害。因此，成活率是育雏期种鸭饲养的主要目标。

（2）高合格率 雏鸭不仅要成活率高，而且成活的个体其体质要好，没有畸形、伤残，因为这样的个体将来也不会有好的繁殖性能。

（3）疫苗接种效果良好 雏鸭阶段需要接种多次疫苗，这些疫苗有的主要是为了保护雏鸭，有的对青年鸭和成年鸭也有保护作用。如果任何一次疫苗接种效果不理想都可能会影响到雏鸭的成活率，甚至以后的健康。

2. 育雏期肉种鸭的温度如何控制？

种雏鸭主要指4周龄以内的雏鸭。温度对雏鸭的生长发育和健康有重要影响，这主要是因为雏鸭的体温调节能力不健全，体温会随外环境温度的升降而发生变化；雏鸭绒毛的保温隔热效果差，皮下脂肪少，抵御低温的能力低。因此，保持适宜而均衡的温度是养好雏鸭的重要条件。

雏鸭身体周围的温度要求：3日龄前30℃～31℃，4～7日龄29℃～31℃，8～10日龄28℃～30℃，11～14日龄27℃～29℃，15～18日龄26℃～28℃，19～21日龄25℃～27℃，22～28日龄20℃～25℃。

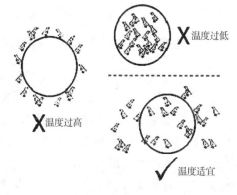

图5-1　雏鸭对不同温度所表现出的行为

要注意观察雏鸭的行为表现，通过行为了解温度是否合适（图5-1）。

3. 育雏期肉种鸭的湿度如何控制？

种雏鸭的湿度控制要求：1～7日龄为65%，8～14日龄62%，15日龄之后60%。一般在第一周需要通过带鸭喷雾消毒以增加湿度，15日龄以后则需要通过多种措施防止湿度偏高。

目前种鸭育雏常常采用地面垫料平养，如果湿度小则容易出现粉尘飞扬的问题，雏鸭也会出现胫爪干瘪；湿度高容易导致垫料发霉，容易诱发球虫病和曲霉菌病。

4. 育雏期肉种鸭的通风如何控制？

通风的主要目的是换气。在育雏期间，雏鸭呼吸过程中会不断消耗空气中的氧气并排出二氧化碳；如果使用火炉加热则同样消耗室内空气中的氧气并在燃料燃烧过程中产生二氧化碳和一氧化碳；粪便中混有饲料，在温度高、湿度较大的条件下微生物容易发酵其中的有机质产生氨气和硫化氢等有害气体，如果通风不良则会造成鸭舍空气中氧气含量不足，有害气体含量超标。

有害气体含量的控制标准：氨气不能超过18毫克／米^3，硫化氢不能超过10毫克／米^3。如果含量偏高则会对雏鸭的眼结膜和呼吸道黏膜产生刺激，造成黏膜水肿，容易导致呼吸道疾病的发生。

5. 育雏期肉种鸭的光照如何控制？

对于种鸭育雏期内的光照主要是影响肉鸭的采食、饮水、活动和休息，也影响工作人员观察鸭群和舍内其他情况。

一般要求在1～3日龄采用连续照明，4～7日龄每天光照20小时，8～14日龄每天光照20小时，15～21日龄每天光照15小时，22～28日龄每天光照12小时。前期光照时间较长主要是让雏鸭有足够的采食时间，有利于早期的生长发育。

光照强度在第一周略高，一般达到65勒，第二周以后降至45勒即可。夜间关灯期间每100米^{2}的鸭舍保留1个15或30瓦的小灯泡，让鸭群能够看到一点光亮，能够减少雏鸭的紧张，有助于保持鸭群安静。

6. 育雏期肉种鸭的饲养密度如何控制？

肉鸭育雏期基本采用地面垫料饲养方式，第一周的饲养密度为25只／米^2，第二周15只／米^2，第3～4周5只／米^2。

饲养密度不能高，否则容易造成垫料潮湿、鸭羽毛脏乱，空气质量差，易诱发疾病，还可能造成啄癖。

7. 如何选择肉鸭雏鸭？

肉鸭种苗的选择关系到性成熟后的繁殖能力和所提供的商品代种蛋和雏鸭的质量，直接关系到种鸭场的效益和信誉。

（1）要到有资质的祖代种鸭场引种　我国祖代种鸭场不多，引种前要通过多种渠道了解附近地区的祖代种鸭养殖情况，要到祖代种鸭场了解其引种的证明，祖代种鸭的引种时间不能超过480天。祖代种鸭场要有所在省的畜牧行政主管部门颁发的种畜禽生产经营合格证、动物卫生防疫条件合格证等。

（2）**该批次种蛋孵化效果好**　一个批次的种蛋如果受精率、孵化率和健雏率都高则说明种鸭质量好、孵化条件控制得好。

（3）**雏鸭要健康**　要求雏鸭出壳时间正常、绒毛整洁、精神状态好、活泼好动、脐部愈合良好，没有外观缺陷（图5-2）。

图 5-2　合格的肉鸭雏鸭

（4）**雏鸭要进行雌雄鉴别**

父本只要公鸭、母本只要母鸭，公母比例为1∶5。

8. 肉鸭雏鸭运输应注意哪些问题？

①初生的雏鸭一般应在出壳后12～24小时内送到育雏舍。

②在运输雏鸭前，装运雏鸭的车辆和容器必须消毒。装雏鸭最好用专用的发雏盒，如果没有发雏盒，也可用纸箱、木箱或竹筐代替，但应保证通风防压，密度适宜。

③在运输过程中，鸭雏盒要排放整齐有序，雏盒间应留有空隙，以便空气流通，密度适当，运输温度可保持在20℃～25℃，以减小运输对鸭雏的应激。夏季运雏要早、晚运输，注意通风，防暑降温、防晒、防淋；冬季要中午运输，注意保暖，切忌用塑料布遮盖。驾驶运输车辆要平稳，防止剧烈颠簸。防止中途长期停歇。如果在运输途中出现长时间停车现象，应随时查看雏鸭的状态，观察雏鸭呼吸是否正常，重点检查中间位置的雏鸭盒，防止温度过高和空气不足而发生闷死现象。

④雏鸭到场后应打开盒盖，检查健康状况。雏鸭应尽快饮水，若在天气较热的季节应先供水，再清点鸭数。

⑤父本和母本雏鸭要分开装盒并注意防止跑乱。

9. 接雏前如何准备育雏舍?

（1）把育雏舍整理好　育雏开始前10~15天检查屋顶、门窗有无损坏、漏洞；检查各种设备（如加热、照明、通风等）是否能够正常运转。对育雏舍和设备维修后进行密闭条件下的熏蒸消毒。

（2）铺设垫料　育雏开始前5天左右将经过消毒、晒干的垫料均匀地铺在地面，厚度约为7厘米，铺好后踩实。

（3）预热　雏鸭到来前2~3天启动加热设备，在设备运行过程中了解有无问题；同时使舍内温度提高至30℃，并保持10小时以上。

（4）消毒　雏鸭到来前1天用过氧乙酸或季铵盐类或卤素类消毒剂对鸭舍墙壁、垫料、门窗、设备等进行喷洒消毒。

（5）设置好围栏　一般按照300只雏鸭一个围栏，围栏高度约60厘米。每个围栏内有一个保温伞、5个真空饮水器、10个料盘。

10. 如何安置种鸭雏鸭?

（1）公、母分别安置　父本公鸭雏鸭和母本母鸭雏鸭分别放置在不同的栏内，不要混杂，因为它们的喂料量控制标准不同。

（2）按照预先计划放置　每个栏内放置雏鸭的数量要提早安排好。

（3）关注弱雏　将状态不太好的雏鸭集中放置在一个栏内，以便于给予特殊管理。

（4）清点数量　安置结束后清点每个小栏内雏鸭的数量，计算总数。

11. 怎样安排种雏鸭的开水、开食?

肉种鸭苗在育雏舍安置好之后，就要进行开水和开食。通常在肉种鸭苗到来前将真空饮水器内灌装一半量的经过消毒或过滤的水，水温为20℃～25℃。雏鸭安置到栏内后就可以喝到水，必要时饲养员用手指轻轻敲击水盘以诱导雏鸭饮水。

在雏鸭安置工作结束后立即向料盘内添加适量的饲料供雏鸭采食，添加量按照每只雏鸭1.5克计算。添加饲料后用手指轻轻敲击料盘以诱导雏鸭采食。雏鸭采食越早越有利于消化道的发育，并能够刺激剩余卵黄的吸收。

12. 种雏鸭饮水管理有哪些要求？

（1）供水要充足　一般要求在有光照的时间内都要保证饮水器内有足量的水，满足肉种鸭的随时饮用。如果缺水常常会影响采食和饲料的消化。

（2）饮水质量要好　饮水应符合饮用水卫生标准，必要时对饮水进行消毒、过滤处理。饮水器定期清洗和消毒。使用真空饮水器或水盆时每天至少更换4次饮水，每次更换饮水时要洗刷和消毒。

（3）饮水设备管理　饮水设备的高度要定期调整，使水盘的边缘与鸭背部高度相似，使用乳头式饮水器则让出水乳头的高度是雏鸭背部高度的1.5倍。

13. 种雏鸭的饲喂如何控制？

（1）喂料量的控制　不同品种的肉鸭喂料量控制有差异。在每天喂料的时候要参考这些相应的喂料量标准（表5-1，表5-2）。

表5-1　枫叶鸭父母代育雏期喂料量控制标准　（克/日·只）

日　龄	父本公鸭喂料量	母本母鸭喂料量
1	3.3	2.2
2	9.9	6.5
3	14.7	9.8
4	19.7	13.0
5	24.6	16.4

续表 5-1

日　龄	父本公鸭喂料量	母本母鸭喂料量
6	29.5	19.7
7	34.3	22.9
8	41.9	27.9
9	50.1	33.4
10	58.9	39.2
11	68.4	45.6
12	78.5	52.4
13	85.1	56.7
14	91.7	61.1
15	98.3	65.4
16	104.7	69.8
17～28	111.3	74.1

表 5-2　樱桃谷父母代肉种鸭 28 天喂料计划　（克/日·只）

日龄	温和气候				炎热气候			
	大　型		中　型		大　型		中　型	
	公鸭	母鸭	公鸭	母鸭	公鸭	母鸭	公鸭	母鸭
1	2.5	2.0	2.2	2.0	2.5	2.0	2.2	2.0
2	6.4	6.1	6.5	6.1	6.4	6.1	6.5	6.1
3	8.4	9.2	9.7	9.2	8.4	9.2	9.7	9.2
4	11.1	12.3	12.9	12.3	11.1	12.3	12.9	12.3
5	14.8	15.4	16.1	15.4	14.8	15.4	16.1	15.4
6	18.4	18.4	19.4	18.4	18.4	18.4	19.4	18.4
7	22.1	21.5	22.6	21.5	22.1	21.5	22.6	21.5
8	27.5	26.2	27.5	26.2	27.5	26.2	27.5	26.2

续表 5-2

日龄	温和气候				炎热气候			
	大　型		中　型		大　型		中　型	
	公鸭	母鸭	公鸭	母鸭	公鸭	母鸭	公鸭	母鸭
9	33.4	31.3	32.9	31.3	33.4	31.3	32.9	31.3
10	39.8	36.9	38.7	36.9	39.8	36.9	38.7	36.9
11	46.7	42.8	45.0	42.8	46.7	42.8	45.0	42.8
12	54.1	49.2	51.6	49.2	54.1	49.2	51.6	49.2
13	59.0	53.3	55.9	53.3	59.0	53.3	55.9	53.3
14	63.9	57.4	60.2	57.4	63.9	57.4	60.2	57.4
15	68.9	61.5	64.5	61.5	68.9	61.5	64.5	61.5
16	73.8	65.6	68.8	65.6	73.8	65.6	68.8	65.6
17	78.7	69.7	73.1	69.7	78.7	69.7	73.1	69.7
18	83.6	73.8	77.4	73.8	83.6	73.8	77.4	73.8
19	88.5	77.9	81.8	77.9	87.9	77.0	80.9	77.0
20	93.5	82.0	86.1	82.0	92.1	80.0	84.1	80.0
21	98.4	86.1	90.4	86.1	95.7	83.1	87.4	83.1
22	103.3	90.2	94.7	90.2	99.3	86.1	90.6	86.1
23	108.1	94.3	99.0	94.3	103.0	89.2	93.9	89.2
24	113.1	98.3	103.3	98.3	106.6	92.1	97.1	92.1
25	118.1	102.4	107.6	102.4	110.3	94.7	99.9	94.7
26	123.0	106.5	111.9	106.5	113.5	97.2	102.6	97.2
27	127.9	110.6	116.2	110.6	116.6	99.8	105.4	99.8
28	131.3	114.0	119.7	114.0	117.7	101.6	107.3	101.6

（2）饲喂次数　前3天每天饲喂8次，4～7日龄每天饲喂6次，第2～3周每天饲喂4次，第四周每天饲喂2～3次。

（3）饲喂要求　要保证足够的采食位置，每次喂料后让一个栏内所有的雏鸭都能够同时、均匀采食。

（4）饲料形态　肉种鸭育雏期的饲料形态一般采用干粉料。

（5）合理使用饲喂设备

14. 如何保证饲料卫生？

为了保证饲料卫生，应采取如下措施：

（1）选用优质饲料原料 凡是发霉变质、杂质含量高、含水量高、虫蛀、被污染的饲料原料不能使用。

（2）饲料存放环境好 存放环境要低温、通风、干燥、光线弱、无鼠和鸟的危害。

（3）控制每次喂料量 每次喂料量合理控制，让鸭群在投料后30分钟内能够把饲料吃干净。

（4）防止鸭踩入料盆或料槽 在料盆或料槽上罩上金属网栅，既不影响鸭的采食，又能防止鸭踩踏在饲料上。

15. 如何做好种雏鸭的扩栏？

扩栏的目的在于适时疏减鸭群的饲养密度。一般第一周鸭群的饲养密度较大，常常达到每平方米25只，而第二周则降至每平方米15只。减幅这么大主要是因为肉种鸭早期生长速度快，每只鸭所需要的占地面积增加快。

一般在生产上每周末要调整一次饲养密度。调整的时候将原来圈栏内的鸭移出一部分到新的圈栏内，使原圈栏内鸭群的饲养密度减小至标准要求，新圈栏内的鸭群饲养密度也要符合标准。

调整鸭群的时候，将原圈栏内体重偏大的个体挑出后放置在若干个新圈栏内，把体重偏小的个体也集中放置在若干个新圈栏内。要求每个圈栏内的鸭个体大小相近。

16. 如何做好弱雏复壮？

肉种鸭大群育雏的过程中难免会出现部分弱小的个体，如果这些个体不能得到有效照顾则可能造成死亡或伤残、瘦小，失去种用价值。因此，在育雏期间要做好弱雏复壮工作。

（1）**隔离弱雏**　观察鸭群时发现弱雏要及时挑拣出来放置到专门的弱雏栏内，防止弱雏在大群内被踩踏、挤压而伤亡；弱雏在大群内的采食和饮水也受影响。因此，及时发现和隔离是关键。

（2）**注意保温**　将弱雏栏设在靠近热源的地方或在栏内增加加热设备，使其栏内温度要比正常温度标准高出1℃~2℃，这样有助于减少雏鸭的体温散失和体内营养消耗，促进康复。

（3）**强化营养**　对于挑拣出的弱雏不仅要供给足够的饲料，还应该在饮水中添加适量的葡萄糖、复合维生素、口服补液盐等，增加营养的摄入，促进其恢复。

（4）**对症处理**　对于弱雏有必要通过合适途径给予抗生素进行预防和治疗疾病，以促进康复，对于有外伤的个体还应对伤口进行消毒。对于已经失去治疗价值的个体及时进行无害化处理。

17. 育成期种鸭的培育目标是什么？

肉种鸭育成期的培育目标主要有3个。

（1）**体重发育控制符合标准**　肉种鸭具有早期生长发育快、体重和体格大的遗传潜力，在育成期如果不加以控制则往往会造成鸭体重过大、体内脂肪沉积过多，将来会导致产蛋性能的严重下降。因此，必须按照品种标准严格控制体重。

（2）**群体整齐度要高**　群体整齐度高说明鸭群中每个个体的发育比较一致，高度的一致性能够使鸭群的开产日龄、开产体重、生殖器官发育成熟时间趋于一致，这样的种鸭群产蛋率高、产蛋高峰持续时间长。

（3）**良好的体质**　育雏期肉种鸭应进行适当的舍外活动、水池内游泳以增强体质，并在性成熟前将主要的疫苗接种完毕，为产蛋期保持良好的繁殖能力提供一个结实的身体。

（4）**适时达到性成熟**　青年鸭性成熟提前会因为体格、体重发育不协调而出现蛋重小、种蛋合格率和受精率低、产蛋高峰期短的问题；性成熟期迟则常常是饲养管理或健康方面存在问题造成的。

18. 育成期种鸭的环境条件如何控制?

（1）温度控制　鸭舍内环境温度控制要求：5~6周龄为20℃左右，7~23周龄为15℃~30℃。

（2）湿度控制　保持舍内湿度在63%左右。

（3）光照控制　一种方式是在5~23周龄一直采用每天8小时的光照时间；另一种方式则是采用每天12小时的光照时间。一般建议采用第一种光照时间控制。鸭舍内的光照强度一般控制在35勒。

（4）通风管理　如果育雏期处于4~10月份、外界温度适宜的情况下可以在鸭群到舍外活动期间打开门窗或风机进行充分的通风换气。如果育成期处于低温季节则在中午前后打开门窗或风机进行适当的通风，以鸭舍内没有明显的刺鼻刺眼的感觉为准；当外界温度较高、鸭群到舍外活动的时候再加强鸭舍的通风。

19. 育成期种鸭为什么要限制饲养?

育成期肉种鸭依然具有体重增长快、脂肪沉积快的特点，如果不严格控制喂料量（控制营养素的摄入）就会出现育成期肉种鸭体重过大、体内脂肪沉积过多（过肥）的问题，到性成熟的时候由于过重过肥而严重影响配种质量和产蛋性能。因此，育成期肉种鸭的限制饲养是十分重要的。

20. 育成期肉种鸭限制饲养前应做哪些准备工作?

（1）合理分群、控制密度　进入第四周进行调群，将体重按偏大、中等、偏小的个体分别组群，每个小群内的鸭只体重大小相似；育成期种鸭每个小群的数量控制在200~300只，群大往往会造成采食不均匀而出现个体大小差异明显。饲养密度控制为每平方米5只（图5-3）。

图5-3　育成期肉种鸭的分群管理

（2）保证足够的采食位置　使用料槽的情况下每只鸭有15厘米的采食距离，保证添加饲料后所有的鸭都能够同时采食。

（3）抽样称重　第四周龄末每个小群随机抽查15只鸭进行逐只称重并记录，与所饲养鸭品种（包括代次）的标准体重进行对比，确定第五周的喂料量标准。要准备好所饲养鸭品种的体重发育标准（表5-3）。

表5-3　樱桃谷父母代肉种鸭目标体重　（单位：千克）

周　龄	大　型		中　型	
	公　鸭	母　鸭	公　鸭	母　鸭
1	0.12	0.13	0.13	0.13
2	0.37	0.35	0.35	0.35
3	0.72	0.66	0.68	0.66
4	1.14	0.99	1.04	0.99
5	1.55	1.30	1.39	1.30
6	1.90	1.54	1.66	1.54
7	2.19	1.73	1.89	1.73
8	2.44	1.90	2.09	1.90
9	2.67	2.04	2.26	2.04
10	2.88	2.18	2.42	2.18
11	3.09	2.31	2.57	2.31
12	3.27	2.43	2.72	2.43
13	3.45	2.54	2.86	2.54
14	3.58	2.63	2.97	2.63
15	3.73	2.71	3.10	2.71
16	3.86	2.79	3.22	2.79
17	3.98	2.87	3.33	2.87
18	4.09	2.94	3.42	2.94

续表5-3

周 龄	大 型		中 型	
	公 鸭	母 鸭	公 鸭	母 鸭
19	4.14	3.01	3.47	3.01
20	4.18	3.09	3.52	3.09
21	4.21	3.16	3.56	3.16
22	4.25	3.20	3.56	3.20
23	4.25	3.20	3.56	3.20
24	4.25	3.20	3.56	3.20

对于SM_3大型肉鸭的育雏和育成期体重控制目标见表5-4。

表5-4　SM_3大型肉鸭生长期体重控制标准　（单位：千克）

周　期	SM_3大型		周　期	SM_3大型	
	公 鸭	母 鸭		公 鸭	母 鸭
1	0.12	0.13	13	3.45	2.54
2	0.37	0.35	14	3.58	2.63
3	0.72	0.66	15	3.73	2.71
4	1.14	0.99	16	3.86	2.79
5	1.55	1.30	17	3.98	2.87
6	1.90	1.54	18	4.09	2.94
7	2.19	1.73	19	4.14	3.01
8	2.44	1.90	20	4.18	3.09
9	2.67	2.04	21	4.21	3.16
10	2.88	2.18	22	4.25	3.20
11	3.09	2.31	23	4.25	3.20
12	3.27	2.43	24	4.25	3.20

（4）制定限制饲养计划　每个小群都要建立限饲记录表，以便

于每天记录相应的信息、数据。

21. 育成期肉种鸭限制饲养方法如何应用？

（1）**限制饲养方法** 育成期肉种鸭常用每日限饲的方法。

（2）**喂料方法** 每天喂料1次，一般在上午10时前后，时间相对固定。

（3）**喂料量调整** 每周龄末对每个小群内的鸭进行随机抽样称重，每群称重15~20只，将实际体重与该周龄末的标准体重进行对比以确定下周的喂料量是否需要调整：如果实际体重与标准体重差别在5%以内，可以按照下周的标准喂料量执行；如果体重偏大超过5%则下周的喂料量保持与本周相同或略减；如果体重偏小超过5%则下周的喂料量比标准适当增加。

（4）**按体重调群** 每周龄末对鸭群进行1次调群，在中等体重的鸭群中目测偏大的调到体重偏大的小群内，目测体重偏小的调到体重偏小的小群内；对体重偏大的小群内目测偏小的个体调到体重中等的群内；在体重偏小的群内目测体重偏大的个体也调到体重中等的群内。这样，保证每个小群内鸭的体重相似。

每个小群内调出去几只也要调进来几只，保持每个小群内鸭数量的稳定。

22. 限制饲养注意哪些事项？

限制饲养一定要有足够的料槽、饮水器和合理的鸭舍面积，使每只鸭都有机会均等地采食、饮水和活动。

限饲的主要目的是限制摄取能量饲料，而维生素、常量元素和微量元素要满足鸭的营养需要。如按照限量法进行限制饲养，饲喂量仅为自由采食鸭的80%。也就是说，将所有的营养成分都限制了20%，如在此基础上再添加维生素，可以提高限制饲养的效果。因此，要根据实际情况，结合饲养标准制成限喂饲料，否则，会造成不应有的损失。

限饲会引起过量饮水，容易弄湿垫料，所以要限制供水。一般从喂料开始到食完后1小时内给水。在炎热的季节不宜限水，而应加强通风、松动和撤换垫料。切记，限制饮水不当往往会延迟性成熟。

限饲时应密切注意鸭群健康状况。在患病、接种疫苗、转群等应激时要酌量增加饲料或临时恢复自由采食，并要增喂抗应激的维生素C和维生素E。

在育成期公、母鸭要分开饲养，有利于体重控制的掌握。

按每周每100只鸭投放中等粒度的不溶性沙砾500克到料槽或料盆中供鸭采食。

限饲鸭群在16周龄后要逐个检查称重，超重鸭要减少喂料量，偏轻鸭适当增加喂料量，以保持鸭群体重均匀一致。

23. 肉种鸭育成期的喂料量如何控制？

以枫叶鸭为例，育成期的喂料量控制分为两个阶段。

（1）17~49日龄　一直按照17日龄时的喂料量保持不变，公鸭每只每天112克，母鸭74克。

（2）8~20周龄　从7周龄开始，喂料量按照每只每天递增1.5克的增幅计算喂料量。直到喂料后（每天喂料1次）饲料能够在料槽内存留2小时，保持这种情况下的喂料量。可能公鸭出现这种情况的时间会比母鸭稍早。

樱桃谷种鸭28日龄时大型公鸭的喂料量为131.3克/只，中型公鸭为119.7克/只，母鸭为114克/只。在5~20周龄期间一直保持这个量。

在樱桃谷SM₃父母代饲养管理手册中指出：28日龄以后，为鸭子提供的喂料量，通过比较公、母鸭的平均体重与它们各自的目标体重来决定。比较体重，每周（周末）必须称重10%的公鸭和母鸭，体重称样应在21天开始，称重必须始终在早上对鸭子进行喂料之前进行的第一件事情。称样后，对鸭子按喂料量喂料。然后计算公、母鸭的平均体重，与目标体重进行比较。在第21天进行的称重操作，是为了提供鸭子体重检查过程的一个起始点，所以这次称重的结果不改变喂料量。在28天的称重后，将平均体重与生长曲线体重比较，选择相应栏圈今后所需的每天喂料量。喂料量的选择应根据实际体重和目标体重的比较关系，以及鸭群实际体重的趋势做决定。如果平均体重较低，而且增加的速度低于目标曲线，按28天的喂料量喂料至35天。如果平均体重较高，而且增加的速度高于目标曲线，按24天的喂料量喂料至35天。如果平均体重达到目标体重，而且增加的速度与目标曲线相近，按26天的喂料量喂料至35天。在决定了所需要的喂料量后，将喂料量乘以每一栏圈中的鸭子数，计算出每一栏圈的饲料总量。以后每周末称重分别计算鸭群公鸭和母鸭的平均体重，分别将公、母鸭的平均体重与SM₃生长曲线各自的目标体重比较。如果平均体重较低，增加的速度低于目标曲线，适当加大每天喂料量的增加量（10～15克）。如果平均体重较高，而且增加的速度高于目标曲线，重新检查体重和上周所提供的喂料量，如果所有这些情况都正确，保持目前的喂料量。如果平均体重达到目标体重，增加的速度与目标曲线相近，增加一小量（5克）的每天喂料量以保持此生长速度。

24. 如何做好育成期肉种鸭的抽样称重？

育成期间的种鸭群每周龄末都要称重，这是了解鸭群发育情况的重要手段，也是确定喂料量是否需要增减的主要依据。

（1）空腹称重　无论是哪个品种的饲养管理手册上所提供的青年种鸭体重发育控制标准，都是指的空腹体重。因此，每次称重都要在当天喂料之前进行。

（2）随机抽样　每次称重的时候每个小群内抽测30只左右，抽样时用围挡（木板或金属网制成）在小圈内随机围堵一部分个体（30～35只），逐只称重。不能挑选个体进行称重。

（3）周龄末称重　一般都是在每个周龄的最后1天进行称重。

（4）数据统计　每次称重后计算该小群内鸭只的平均体重、体重离散度等。离散度越小越好，说明鸭群的体重均匀度高。

25. 怎样提高育成期种鸭的均匀度？

对于育成期的种鸭群，群体发育的均匀度越高则达到性成熟的时间越集中、开产后产蛋率上升速度快，高峰期的产蛋率高而且持续时间长。尤其是在18周龄前后的均匀度更重要，要求均匀度达到80%以上。

衡量均匀度的方法是测定一定数量的鸭，其中在标准体重 ± 10% 范围内的个体所占比例就是均匀度。如抽测了100只18周龄的樱桃谷母鸭，其标准体重为2 940克，正负各10%的范围在2 646~3 234克之间，如果在此范围内的个体有83只则说明该鸭群的均匀度为83%。

提高鸭群发育均匀度的主要措施有：

（1）保证合适的饲养密度　饲养密度大则每只鸭的活动空间小，容易在喂料后出现抢食现象，有些弱的个体采食量就会偏少，时间长了就会造成其体重偏低的问题。

（2）足够的采食位置　无论使用那种喂料设备都必须保证每只鸭有15厘米的采食位置，在喂料后所有个体都能够同时吃到饲料。

（3）一次性快速投料　一个小圈内的喂料设备要尽可能在最短的时间内将饲料添加完成，目的是让所有鸭同时吃料。如果使用料桶或料盆，也可以将料桶（盆）取出来，添加饲料后再同时放入圈内。喂料过程持续时间越长越容易造成采食不均匀。

（4）合理分群并调整喂料量　鸭群要按照体重分为重量中等、偏大和偏小的多个群体，体重中等的按照正常喂料、体重偏大的适当减少喂料量、体重偏小的则适当增加喂料量。饲养期间，定期根据体重情况进行调群。

26. 育成期种鸭如何利用青绿饲料？

青绿饲料主要包括天然牧草、栽培牧草、田间杂草、菜叶类、水生植物、嫩枝树叶等鲜嫩的植物茎叶。含有丰富的蛋白质、维生素和微量元素，并含有较多的粗纤维，后者对于促进肠道蠕动具有良好的刺激作用。在育成期肉种鸭饲养过程中可以适量使用。

（1）**用量适当**　每只鸭每天用量不超过80克，如果用量大则容易出现粪便稀、通过青绿饲料吸收的营养素多。

（2）**保证新鲜**　青绿饲料收割后及时饲喂，如果堆积存放则容易腐烂变质，饲喂这样的青绿饲料会使鸭中毒。

（3）**搭配使用**　使用青绿饲料最好是多种搭配使用，以发挥营养互补作用。

（4）**防止中毒**　主要是防止农药中毒和氢氰酸中毒。

27. 育雏和育成期如何做好疫苗接种？

种鸭在育雏期和育成期需要多次接种疫苗，这些疫苗的接种不仅有助于保护育雏和育成期鸭群的健康，而且有的疫苗还能够通过形成母源抗体保护后代雏鸭在7日龄前免受相应病原体的侵袭。这里介绍的免疫程序仅供参考，各地需要结合当地的疫病流行情况进行适当调整。

1日龄：鸭病毒性肝炎活疫苗。使用方法：颈部皮下注射。

6～7日龄：鸭传染性浆膜炎灭活苗0.5毫升。使用方法：皮下或肌内注射。

14～16日龄：H_5型禽流感灭活苗每只颈部皮下或胸部肌内注射0.5毫升。

22～24日龄：鸭传染性浆膜炎灭活苗或大鸭传染性浆膜炎、大肠杆菌二联灭活苗0.5毫升。使用方法：皮下或肌内注射。

29～30日龄：鸭瘟活疫苗1头份。使用方法：肌内注射。

48～50日龄：H_5型禽流感灭活苗每只胸部肌内注射0.5毫升。

100～105日龄：大肠杆菌灭活苗1毫升，同时用禽霍乱油乳剂灭活苗1毫升。使用方法：肌内注射。

115～117日龄：鸭瘟活疫苗1头份。使用方法：肌内注射。

125～128日龄：鸭病毒性肝炎活疫苗倍量。使用方法：肌内注射（免疫后120天内孵化的雏鸭群对该病有较高的保护率）。

133～135日龄：H$_5$禽流感灭活苗每只胸部肌内注射0.5毫升。

以后每隔4个月免疫雏鸭病毒性肝炎疫苗1次，每隔4～6个月免疫H$_5$型禽流感灭活苗1次，每隔6个月免疫鸭瘟疫苗1次。

28. 怎样安排育成期种鸭的舍外活动？

目前，很多肉种鸭场在设计的时候都带有舍外运动场，让鸭群能够在舍外活动以增强青年鸭的体质，这样就要考虑育成期鸭群的舍外运动安排。在安排青年种鸭舍外活动的时候要注意以下几点：

（1）选择合适的时间　鸭群到舍外活动应选择在外界温度适宜（13℃～28℃）、风小无雨、运动场比较干燥的晴天或多云天气。如果是冬季外界温度低或风大、运动场有积雪，或是夏季高温、阳光炽热或雨后的时间尽量不让鸭群外出活动。

（2）控制舍外运动量　每天鸭群在舍外活动的时间控制在1～3小时，可以一次性活动，也可以分两次进行。

（3）舍外运动场的分隔与舍内圈栏对应　舍内的每个圈栏要对应舍外的运动场，当鸭群外出活动的时候依然是保持原来的鸭群，防止不同小群的鸭混在一起。这样，能够保证每个鸭群的喂料量控制准确。

（4）与舍内整理相结合　当鸭群到舍外运动场活动的时候可以将鸭舍的门窗、风机打开进行充分的通风换气，这在低温季节非常关键。如果需要更换垫料或鸭舍消毒也应在这个时间进行，以减少对鸭群的影响。

（5）舍外活动时间与喂料的关系　鸭群应该在当天喂料并采食2小时后再放到舍外活动，不要影响正常的饲喂。如果补充青绿饲料可以在舍外运动场进行，当鸭群回到鸭舍后及时将剩余的残渣清理干净。

（6）保持运动场的卫生　每天当鸭群结束舍外活动回到鸭舍后

要及时清扫运动场并将粪便等废物集中清运到指定地点处理。运动场每1~2天消毒1次。

29. 如何安排育成期肉种鸭的洗浴?

鸭是水禽,有喜水的天性。洗浴既可以满足鸭的习性,又可以保持体表和羽毛的清洁,也有助于增强体质(图5-4)。在安排洗浴方面注意问题主要有:

（1）洗浴时间 洗浴应该安排在天气晴好、无风、外界气温不低于15℃的天气里进行;夏季要注意避开中午温度过高的时段。洗浴应在鸭群采食结束30分钟后进行,下水前鸭已经吃饱喝足。每次鸭群在水中洗浴的时间控制在30分钟左右。

图5-4 育成期肉种鸭的舍外活动与洗浴

（2）洗浴间隔 一般每周安排1~2次洗浴,不能太频繁。

（3）保持池水清洁 鸭下水前常常有一个习惯就是先在水边喝1~2口水,然后再下水。因此,保持池水的清洁就显得特别重要。通常要求每2周更换1次池水,每次放水后要把水池清理干净并进行消毒处理。如果看到池水比较脏,就应及时更换。

（4）要在舍外晾干羽毛 鸭下水活动后要让它们在运动场休息一会儿,将羽毛晾干再进鸭舍,以免将水带进鸭舍造成垫料潮湿。

（5）水池要求 水池一般砌设成水渠样,宽度约1.5米、深度约1米,长度与鸭舍相同,靠运动场一侧内外都要有一定的坡度以方便鸭群进、出。排水口设在水池的一端。与下水道或排水沟相连。

（6）防止混群 水池与鸭舍内的圈栏、舍外运动场的分隔相对应也要有分隔,保证一个小群内的鸭不与另外的鸭群混在一起。水池内的隔离用塑料网，要深入池底。

30. 种鸭的公母比例如何控制？

种鸭群中公、母鸭的配比，对种蛋的受精率起着决定性作用。公鸭留得过多，不但经常争夺配偶、互相骚扰，影响公鸭精力，导致配种力降低，还大量消耗饲料。公、母鸭的比例受品种、年龄、季节、饲养管理和配种方法等因素的影响。一般肉种鸭按照1公配5母的比例确定公母配比。

在实践中，还应经常观察配种情况，如公鸭互相争夺配偶，影响交配，表明公鸭过多，应适当减少；如公鸭追逐母鸭配种而无互相争夺现象，表明公鸭数量适当；如母鸭追逐公鸭，则表明公鸭不足或性欲不旺，应及时补足。

31. 如何做好公鸭和母鸭的混群？

育成期的肉种鸭要求公母分群饲养，以便于控制各自的喂料量和体重。在接近性成熟的时候就要将公鸭与母鸭混群，使双方相互熟悉和适应，为以后提高种蛋受精率打基础。

公母混群一般安排在22周龄进行，混群太早不利于青年后备种鸭的体重控制，混群太晚会影响一些性成熟较早的个体的产蛋。

公母混群要按照每个圈栏的面积和鸭的数量确定。如果一个圈栏为30米^2，可以饲养130只母鸭和25只公鸭。

混群的时候母鸭群要保持稳定，将公鸭放入母鸭群中。如果成年鸭舍与青年鸭舍是分开的，则先将公鸭放入圈栏内，1天后再把母鸭整小群转入。

32. 如何设置产蛋窝？

成年种鸭舍在后备鸭群转入前（在20～21周龄）要进行整理和消毒，同时要将产蛋窝设置好，让鸭群在开产前转入鸭舍后能够提早熟悉产蛋窝，减少窝外蛋的发生。

产蛋窝一般靠墙设置，通常用木板做隔断，每个产蛋窝宽度为45厘米、深度50厘米，挡板的高度50厘米。产蛋窝内铺设干燥柔软的垫料。

产蛋窝的数量一般按每3.5只母鸭设置一个产蛋窝。产蛋窝数量少容易出现窝外蛋，也会引起母鸭争窝。

33. 转群应注意哪些事项?

如果育成期和产蛋期的鸭群不是使用一个鸭舍则在育成后期需要将后备种鸭转入产蛋鸭舍。转群需要注意如下事项:

（1）**转群时间**　一般把转群时间安排在21~22周龄，这个时期鸭的生殖系统开始进入快速发育阶段，但是尚未达到性成熟，转群后鸭群在新的环境中经过3周左右的适应期就进入性成熟期。如果转群晚会对鸭群的早期产蛋产生不良影响；如果转群早则可能引起喂料量和体重控制方面的问题。

（2）**成年鸭舍的准备**　将产蛋鸭舍整理、检修和消毒，设置好产蛋窝、铺好垫料，每个圈栏的隔挡设备整理好。在转群开始前把成年鸭舍内的喂料设备和饮水设备中加入饲料和饮水，让鸭在转入新舍后能够很快吃到饲料喝到水。

（3）**转群前的育成鸭舍准备**　将喂料设备移出或升高以免抓鸭的时候鸭的碰伤；抓鸭应在喂料的时间之后5小时左右，不能在嗉囊中有饲料积存的情况下转群；抓鸭前2~3小时将饮水停掉；抓鸭前将鸭舍的灯光关闭，窗户用帘子遮严，使鸭舍内处于昏暗的状态，减少抓鸭过程中鸭的跑动。

（4）**抓鸭**　用围挡将鸭群分批围起来，抓完后再进行围挡，每次围挡的数量在30~50只。最好使用周转箱装鸭和运输，如果用手抓鸭并运送则每次每只手只能抓1只，而且要提鸭的颈部上段。

（5）**放鸭**　鸭运送到成年鸭舍后按照计划放置到新的圈栏内，原来在一个圈栏内的鸭最好在转群后依然放在一个圈栏，尽量避免混群。

（6）挑选　将发育不良、健康状况差、有畸形的个体淘汰。

34. 预产阶段的肉种鸭如何管理?

肉用种鸭的预产期一般是指从17～25周龄产蛋率达5%这一阶段，这段时间是种鸭从育成期向产蛋期过渡的重要时期，不仅体重仍在增长，生理上也发生着急剧变化，如果饲养管理不当，将直接影响全期的产蛋性能。因此，肉用种鸭预产期的饲养管理应注意以下几点:

（1）严格选留　高产种群要求精神活泼、体质健壮、体重适宜、生长发育良好、均匀整齐，种公鸭的选留还应注意脚、腿、趾挺直、腿胫较长且体重、体型较好的公鸭留作种用。淘汰那些体重过大、过小的残弱种鸭。

（2）调整日粮配方　种鸭在开产前2～3周应调整日粮配方，适当提高日粮的营养水平，使营养水平介于育成期和产蛋高峰期之间，这样既保证母鸭卵巢和输卵管迅速生长、鸭体内营养适当储备，又确保母鸭的适时开产，在生产中一些养鸭户将育成期料与产蛋高峰期料按比例混合，逐渐增大预产期种鸭的营养供应，当产蛋率达5%后完全改为产蛋高峰期料，这样可使母鸭在营养水平提高的条件下适时开产，有足够的体能储备。

（3）增加光照　一般在18周龄时，结合公、母鸭体重情况，将光照时数增至17小时，光照强度要保持在15～20勒范围，以后采取恒定光照方案，通过强光刺激促使公、母鸭的性成熟，使体成熟更趋完善和充分。

（4）饲料喂量的控制　预产期喂料量的增加应遵守循序渐进、逐步增加的原则，应根据公、母鸭的体重情况按每只鸭每周5～10克幅度增加供料，以诱导鸭群尽快达到5%的产蛋率，而生产实践中，一些养鸭户为片面追求开产期的提前，初产蛋的蛋重和产蛋高峰的提前等，预产期迅速增加饲料，有时到25周龄已达到最大喂料量，这样势必影响整个产蛋期的经济效益，首先开产过早加上初产蛋过大，母鸭容易发生脱肛；其次，种鸭的体成熟和性成熟不一致，尤其是公鸭，其精液品质较差，一般受精蛋孵化率较低；再次，实践证明，开产过早的鸭群容易早衰，产蛋高峰持续期比正常要少2~3周。因此，适度控制预产期饲料喂量的增加对养好种鸭十分重要。

在樱桃谷SM₃父母代饲养管理手册中介绍：18~25周龄期间喂料量控制的机制，由量的控制改变为时间的控制。一旦鸭子达到18周龄，应将喂料箱，按每250只鸭1只喂料箱的比例，放入栏圈中。喂料箱必须带有盖子，以便能限制鸭子的采食。在18周龄和19周龄之间，在将每一栏圈正常的喂料量撒在地面后，将喂料箱的盖子打开让鸭子自由采食2小时。第二天，将喂料量的一半集中撒在饲料箱附近的地面上，再将喂料箱盖子打开让鸭子自由采食2小时。余下的几天，完全用喂料箱为肉鸭供料，但每天仅提供2小时，在以后的几周里，按表5-5增加喂料时间。

表5-5 预产阶段肉种鸭每天喂料持续时间

周　龄	喂料箱打开时间（小时）	周　龄	喂料箱打开时间（小时）
19	4	23	7
20	6	24	7
21	7	25	7
22	7	26	7

注：在20周龄，将饲料由生长期饲料换为产蛋期饲料。

（5）减少地面蛋　种鸭产蛋有很强的定巢性，它的第一个蛋产在什么地方，以后仍到这个地方产蛋。因此，在预产期必须对母鸭进行适当调教，切实减少地面蛋，做到以下几点：在开产前1周，用木板或砖石做成40厘米内径见方的产蛋箱，每个产蛋箱供3只母鸭用；产蛋箱底部加铺好垫料，同时减少地面垫料这样才有竞争性把鸭吸引到产蛋箱内产蛋；及时拿走窝外蛋，免除对其他鸭在此产蛋的引诱；避免强光直射，鸭产蛋喜欢在光线昏暗的地方产蛋，如强光直射产蛋窝，而母鸭不愿进入产蛋窝或进入后不能安静产蛋；保持环境安静，尤其是凌晨2：30～5：30这段时间不能让鸭群受惊吓，避免应激而造成地面蛋增多。

（6）预防母鸭脱肛　预产期初产母鸭易发生此病，主要诱因是：产蛋母鸭密度过大；母鸭过肥；母鸭开产后喂料量骤增；日粮中蛋白质含量过高；维生素含量过高；维生素A和维生素E缺乏；光照不当；母鸭产蛋的突然应激以及一些病理方面因素如输卵管炎、泄殖腔炎症等。因此，在预产期一定要根据实际饲养情况切实预防母鸭脱肛，保持鸭舍环境的安静、控制母鸭体重、控制日粮中蛋白质含量及饲喂量、合理的光照程序等。另外，在预产期有必要用一些药物对鸭体进行1次彻底净化。

（7）保持工作程序稳定　从光照时间、光照强度、喂料次数、喂料量到捡蛋次数、捡蛋时间，种鸭下水、卫生消毒等日常管理工作都应按程序稳定进行，避免各种应激对种鸭产蛋产生任何不良影响。

35.繁殖期种鸭的环境条件如何控制？

繁殖期的种鸭群对环境条件的适应性较强，但是当环境条件不适宜的时候会影响种鸭的繁殖力。因此，为鸭群创造一个适宜的环境是保证种鸭良好繁殖性能的重要条件。

（1）环境温度控制　对于繁殖期的种鸭群，适宜的环境温度为13℃～25℃，一般要求冬季和早春舍内温度不能低于10℃，夏季不能超过30℃，否则就会影响产蛋率和受精率。温度控制还需要注意防止大幅度变化，如突然升温或降温，尤其是突然降温对产蛋率的影响非常大。

（2）湿度控制　鸭舍内的湿度控制在50%～60%，要注意防止湿度过大。因为，种鸭在饮水过程中容易把水洒到饮水器外面，常常造成局部垫料潮湿。湿度大垫料容易发霉，鸭群容易感染霉菌性、细菌性传染病和寄生虫病，鸭蛋壳表面也容易污染。

（3）光照管理　鸭群从23周龄开始在原有光照的基础上逐渐增加光照时间，第一周增加至12小时/天，以后每周递增30分钟，直至每天光照时间达到16小时保持稳定。一般在早上5时开灯，晚上9时关灯。在非光照的时间内鸭舍中保留2～4个小功率（如15瓦的白炽灯）的灯泡，鸭群夜间可看到微弱的灯光则能够保持安静。

（4）通风换气　通常在鸭群到舍外运动场活动的时候打开门窗、风机进行强制通风，排出舍内的污浊空气并降低湿度。要求人员进入鸭舍后无明显的刺鼻刺眼的感觉即可。冬季和早春通风时要注意不让冷风直接吹到鸭身上，而且不能造成舍内温度（尤其是靠近通风口处）突然下降。

（5）饲养密度　按照舍内面积，每平方米饲养种鸭4只（公鸭和母鸭都计算在内）。

36. 繁殖期种鸭常采用什么饲养方式？

肉种鸭在繁殖期一般采用地面垫料平养方式，这种方式种鸭群的种蛋受精率高，不足之处在于蛋壳表面存在被污染的可能。

在采用这种饲养方式的情况下主要是要采取措施保持鸭舍内地面的相对干燥，防止垫料潮湿。

37. 繁殖期种鸭的喂料如何控制？

繁殖期内种鸭的喂料量要结合所饲养的品种（配套系）饲养管理手册中所提供的喂料量参考标准执行。

根据陆桂荣等在樱桃谷肉种鸭生产实践中积累的经验，在樱桃谷种鸭不同的产蛋时期要采用不同的喂料方法。产蛋初期喂料量的增加应遵守循序渐进、逐步增加的原则。一般母鸭群在21～22周龄开始见蛋，见蛋后应根据公、母鸭的体重情况按每只鸭每周5～10克幅度增加供料，以诱导鸭群尽快达到5%的产蛋率。饲料增加过快会使鸭群产蛋时间提早。开产时间过早对种鸭的繁殖效果是不利的，首先开产过早加上初产蛋过大，母鸭容易造成脱肛；其次，种鸭的体成熟和性成熟不一致，尤其是公鸭，虽然有性欲，也进行爬跨，但其精液品质较差，一般受精蛋孵化率较低；再次，开产过早的母鸭群容易早衰，产蛋高峰持续期比正常鸭要少2～3周。因此，适度控制产蛋初期喂料量的增加对养好种鸭十分重要。

在产蛋高峰期到来之前的2～3周要使喂料量达到最大值，推迟增加喂料量常会使产蛋损失2%。此时需检查母鸭的产蛋率是否达到高峰，其方法是采取试探性加料法，每只鸭日耗料再增加5～10克，连喂4天后观察产蛋率的变化。若产蛋率提高，则按增加的饲料量喂下去，如产蛋率没有变化，需马上恢复到原来的喂料量。

樱桃谷肉用种鸭产蛋高峰期只平均日耗料240～260克。在整个产蛋高峰期一般不要减少喂料量，始终保持最大喂料量。产蛋高峰后的减料结合产蛋周龄、产蛋率、蛋重等，在产蛋率不再上升后2周着手减料，一般是在32～33周龄开始，此时种蛋的蛋重应在95克以上，减料的幅度可以加大，每只种鸭日耗料减少10克左右，通过2周时间，使种鸭的喂料量稳定在所需的最大喂料量后，采取恒料饲喂。

48周龄以后，产蛋率开始以每周1%～2%的速度下降，若此时不减少喂料量，势必造成母鸭体型过肥，导致后期产蛋率急剧下降，造成饲料的浪费，增加成本。因此，从48周龄开始应随着产蛋率的下降而逐渐减料。减料也可采用试探性减少法，即每只鸭日平耗料减少5克，连喂4天，若此期间产蛋率下降幅度较大，应立即恢复原料量；若产蛋率下降正常，证明减料正确，应按减少后的料量饲喂。此法每10天重复1次，一般情况下，产蛋后期鸭只平均日耗料量为产蛋高峰期日耗料量的85%左右。

38. 繁殖期肉种鸭如何根据蛋重变化调整喂料？

根据枫叶鸭管理手册介绍：鸭群产蛋率从达到10%一直到产蛋末期，每周都需要测定蛋重变化。如果蛋重增加太快则说明采食量偏高，需要进行调整。但是，在产蛋率达到产蛋高峰之前不适宜减少喂料量，而是保持原有的喂料量不变。

进入繁殖期后当种鸭的喂料时间达到每天8小时后就要把这个采食时间维持到蛋重达到88克之前，之后根据蛋重变化调整每天的采食时间，方法见表5-6。

表 5-6　枫叶鸭蛋重与喂料时间的关系

蛋重（克）	每天采食时间（小时）	蛋重（克）	每天采食时间（小时）
88	7	90	5
89	6	92	4

39. 樱桃谷肉种鸭不同产蛋阶段的管理要点有哪些?

樱桃谷肉用种鸭产蛋期可分为4个阶段：20～25周龄为产蛋初期，25～30周龄为产蛋前期，30～48周龄为产蛋高峰期，48～66周龄为产蛋后期。在这4个阶段中，饲养管理要点各不相同。

（1）产蛋初期和前期　青年鸭开产时身体健壮，精力充沛，这个阶段的饲养管理重点是尽快把产蛋率推向高峰。

①营养方面　根据产蛋上升的趋势增加日粮的营养浓度，增加采食量，以满足产蛋的营养需要。在20周龄时开始使用产蛋料，要求粗蛋白由15.5%逐步上升到19%～19.5%，饲喂方式过渡到自由采食，采食量一般从母鸭群见蛋（21～22周）后立即按每只鸭每周6～10克幅度增加供料，促使鸭群产蛋率迅速上升到高峰。

②看蛋重的增加趋势　初产蛋重60克左右，到30周龄应达到标准蛋重（85～90克）。产蛋初期和前期，蛋重都处于不断增加之中，增重的势头快，说明管理较好，增重势头慢或蛋重高低波动，要从饲料营养及采食量上找原因。

③看产蛋率的上升趋势　本阶段的产蛋率是不断上升的，最迟到32周龄，产蛋率应达到90%以上。产蛋率如高低波动甚至下降，应注意鸭群的健康状况、饲料的营养浓度及饲料是否发生霉变等。

④**注意体重变化** 樱桃谷肉用种鸭20周龄的标准体重：母鸭3.12~3.15千克，公鸭4.1~4.13千克。产蛋初期和前期，每周要进行空腹称重，体重稳定，说明饲养管理恰当，体重有较大幅度的下降或增加，说明管理中有问题。一般来说，此期间母鸭营养不会过多，应重点防止营养不足、鸭体消瘦，但同时应防止自然交配的公鸭发胖。

⑤**加强卫生消毒工作** 运动场及周围环境要每天进行1次药物消毒，鸭舍内保持清洁干燥，在产蛋率达50%和90%时有必要对鸭体预防用药，一般用0.2%多西环素拌料饲喂。

（2）**产蛋高峰期** 这个阶段饲养管理的重点是保高产，力求将产蛋高峰保持到48周龄以后。

①**营养上满足高产的需要** 日粮中蛋白质含量可以达到20%左右，同时适当添加蛋氨酸+胱氨酸，要求含量在0.68%以上。要合理补充适当的钙、磷，并在日粮中拌入维生素A、维生素D等，也可在日粮中加入骨粉或在运动场上堆放贝壳粉，让种鸭自由采食。夏季适当投喂青绿饲料，增加种鸭食欲，确保每只鸭日采食量达240克左右。

②**饲料喂量应适当控制** 一般每只鸭平均日采食量为225~250克，喂料量过多，一方面造成成本的增加，另一方面会引起种公鸭过肥，影响种蛋受精率。

③**注意鸭群的健康状态** 产蛋率高的鸭子精力充沛，下水后潜水的时间长，上岸后羽毛光滑不湿，这种鸭子产蛋率不会下降。如鸭子精神不振，不愿下水，甚至下沉，说明鸭子营养不足或有疾病，应立即采取措施，补充动物性蛋白饲料或进行疾病防治。保持环境安静，避免应激影响产蛋率和种蛋品质。

（3）**产蛋后期** 指48周龄到淘汰期间的种鸭，这个阶段由于鸭的生理功能逐渐退化，产蛋率逐渐下降，饲养管理方面要注意：

①**补充蛋白质和矿物质** 适当补充动物性蛋白饲料，提高必需氨基酸含量。观察蛋壳质量和蛋重的变化，如出现蛋壳质量下降，

蛋重减轻时,可增补鱼肝油和无机盐添加剂,最好另置无机盐盆,让其自由采食。克服气候变化的影响,使鸭舍内的小气候变化幅度不要太大。及时淘汰残、次种鸭以及停产母鸭。

②**适当减料**　由于此时母鸭已完全体成熟,蛋重保持稳定,母鸭对营养的需求开始减少,应随着产蛋率的下降酌情减料。减料可采取试探性减少法:即每只鸭每日减少3克,连喂4天,若此期间产蛋率下降幅度较大,应立即恢复原料;若产蛋率下降正常,证明减料正确,应按此方式继续减料。

③**防止管理出现波动**　每天保持16小时的光照时间,如产蛋率已降至60%时,可以增加光照时间,直至淘汰为止。操作规程和饲养环境尽量保持稳定,避免大的波动。

40. 繁殖期种鸭的饮水如何管理?

饮水对于繁殖期肉种鸭十分重要,但是所遵循的原则依然是:清洁、充足。

肉种鸭的饮水要保证其卫生质量,由于肉种鸭在采食的同时要饮水,常常将饲料带入水槽或水盆内,而且在水槽或水盆周围常常由于水抛洒出来后鸭喜欢用喙部啄这些潮湿或泥泞的物体,然后又在饮水中洗刷喙部,这样很容易把饮水弄脏。如果不及时洗刷水槽或水盆、及时更换饮水,很容易造成饮水被污染,尤其是在温度较高的情况下即使是在几小时内也会引起水的变质。因此,肉种鸭的饮水要定期更换,饮水设备定时刷洗和消毒,保证饮水质量符合要求。

饮水不足会影响采食和消化过程,要求在进行光照期间都要保证饮水的供给。

41. 成年鸭舍的垫料如何管理?

种鸭舍内的垫料铺设厚度要考虑季节因素。在低温季节常常使用碎稻草或碎麦秸、刨花、锯末、稻壳等作为垫料,铺设的厚度约为7厘米,要求铺设均匀,不能有裸露的地面;在春、秋季温度适宜的情况下，垫料的厚度约5厘米；夏季高温期间可以使用细沙作为垫料，厚度约2厘米。

保持垫料的相对干燥。干燥的垫料能够有效地保证蛋壳表面的干净，如果垫料潮湿，鸭群在活动的时候会造成产蛋窝内垫料的脏污，蛋壳容易被污染。垫料的干燥主要通过合理通风，定期翻动垫料，清除潮湿垫料，加铺新垫料等措施实现。

定期更换垫料。垫料使用时间越长其中混合的粪便和洒出的饲料越多，垫料污染越严重。因此，在肉种鸭饲养期间，结合季节变换，每3个月更换1次垫料。通常是在鸭群到舍外运动场活动期间进行垫料更换。将旧垫料清理后集中进行堆积发酵处理。新垫料铺设前，鸭舍要充分通风，使地面较为干燥。

42. 成年鸭群的舍外活动如何管理？

繁殖期间的肉种鸭通常要定时到舍外活动，通过舍外运动既能够增强种鸭体质，也可以提高种蛋受精率，也为舍内通风和垫料管理提供条件。

（1）**天气要求** 种鸭群到舍外活动要考虑天气情况，大风、雨雪冰雹、过于炎热或寒冷（温度高于30℃或低于7℃）的天气不适宜让鸭群到舍外活动。如果是雨后地面泥泞或雪后场地有积雪也不适宜鸭群舍外活动。

（2）**活动时间** 鸭群的舍外活动时间，低温季节安排在中午前后，春、秋季节安排在上下午，炎热季节安排在傍晚和上午9时以前（不宜早于7时）。每次在舍外的活动时间控制在2小时左右，全天的舍外活动时间不超过5小时。

（3）**防止混群** 舍外运动场的分隔与舍内圈栏要对应，避免不同圈栏的种鸭在舍外混群。

43. 成年种鸭的水中活动如何管理？

一般的种鸭场在舍外运动场的外侧都修建有水池或水沟，供种鸭群在水中游泳和交配。据有关资料介绍，每天让肉种鸭到水池中活动一段时间能够保证良好的种蛋受精率。

（1）注意天气情况　大风、雨雪天气，水温低于6℃的情况下不要让鸭群下水活动。

（2）时间控制　鸭群下水活动的时间每次控制为0.5~1小时，活动时间太短不能满足种鸭下水活动的要求，活动时间长会消耗较多的体能。尤其是在水温低于13℃的情况下，在水中活动时间长也不利于健康。

（3）保证池水质量　水池中的水要定期更换，每次更换池水都要将池底、池壁洗刷干净，必要时在洗刷后先消毒，然后再注水。鸭下水之前常常会先喝两口水，这是其习性。如果池水太脏，不利于种鸭健康。

夏季中午为了防止池水被暴晒，可以在水池周围种树进行绿化遮阴，也可以在水池上方搭建遮阳网，为种鸭在水中的活动提供防暑条件。

44. 如何保持运动场的干燥？

运动场是种鸭舍外活动的场所，要求保持干净、干燥。如果运动场湿度大、甚至泥泞则会造成种鸭脚蹼上沾有泥水，会把舍内垫料弄脏、弄湿，不利于保持鸭羽毛的整洁、不利于保持种蛋蛋壳表面的干净。

（1）运动场要有利于排水　运动场的地面要有一定的坡度，下雨后或冲洗后水能够很快排出，不会积水。

（2）运动场要硬化　硬化处理后的地面容易清扫，既是在雨后也不容易积水，更不会出现泥泞。如果运动场面积大，至少在靠鸭舍的部分进行硬化处理。

（3）减少水池中的水造成运动场泥泞　运动场与水池之间要有下水道，上面覆盖篦子，当种鸭从水池中出来后抖动羽毛的过程中，落下的水滴会进入下水道，而不会带到运动场内。

（4）靠近水池处设置围栏　在运动场靠近水池的地方设置围栏，留出3～5米宽的空间让种鸭从水池中出来后在这个空间内稍事休息，待羽毛上的水晾干后再让种鸭回到运动场其他部位和鸭舍。

45. 种蛋收集有何要求?

种鸭养殖过程中收集种蛋是重要的日常工作内容。

（1）收集时间　种鸭的产蛋时间通常集中在凌晨2～5时之间，6时以后产蛋的种鸭寥寥无几。因此，每天早晨开灯后就要先收集种蛋，这次收集的种蛋能够占全天总数的85%以上。上午喂料开始后，当鸭群都去采食期间再第二次收集种蛋。

（2）分类收捡　种蛋收集时把合格种蛋收集在一起，把不合格的种蛋（过大、过小、畸形、破损、蛋壳太脏等）另外收集。

（3）记录与分析　将当天收集的种蛋总数、合格蛋数量、不合格蛋数量等进行统计，做好记录。对当天收集种蛋的平均蛋重、蛋壳质量等进行观察分析，确定有无非正常情况，如果有则需要及时处理。

（4）种蛋消毒和入库　种蛋收集后要进行熏蒸消毒，然后送到种蛋库存放。

46. 如何减少窝外蛋?

窝外蛋是指没有产在产蛋窝内，而是产在垫料或运动场的种蛋。窝外蛋的蛋壳容易被污染，也容易被鸭群踩踏，如果是产在一些角落里的蛋常常被忽视而造成过期蛋。因此，肉种鸭生产中要注意尽量减少窝外蛋的产生。

（1）提早设置产蛋窝　在鸭群达到性成熟前（一般在20周龄）开始设置产蛋窝，让母鸭对产蛋窝有一个早期认知。

（2）产蛋窝数量充足　保证每个产蛋窝供4～5只种鸭进行产蛋，避免母鸭等窝、争窝和相互干扰而造成窝外蛋增多。

（3）窝内垫料要干净柔软　产蛋窝内的垫料要定期更换，保持垫料的柔软、干燥、干净，使产蛋窝对种母鸭有吸引力。

（4）放置引蛋　当鸭群进入性成熟前后，可以在少数产蛋窝中放置引蛋，有助于将种鸭吸引到产蛋窝进行产蛋。

（5）及时拿走窝外蛋　发现有窝外蛋要及时收捡，以免其他鸭受该种情况的引诱而在窝外产蛋。

（6）保持产蛋窝较弱的光线　产蛋窝的位置应是鸭舍内相对较暗的地方，要避免强光直射，鸭喜欢在光线昏暗的地方产蛋，如强光直射产蛋窝，母鸭将不愿进入产蛋窝或进入后不能安静产蛋。

（7）保持环境安静　尤其是凌晨2:30～5:30产蛋集中的时间不能使鸭群受惊吓，避免应激而造成地面蛋增多。

47. 如何提高种蛋受精率？

种蛋的受精率与种鸭的品质、健康、品种、年龄、季节、性比、饲养管理和疾病等因素有关。为提高受精率，可采取如下措施：

（1）保持良好的种群年龄结构　新母鸭（50周龄前）的受精率高，因此种鸭以新母鸭为好。产蛋后期的母鸭则应配以品质优良的新公鸭，因公鸭的受精力随年龄增长而相应下降。

（2）适当的配偶比例　一般公母鸭的比例是1:5～5.5。

（3）公鸭体重适宜　公鸭体重不宜过大或过于肥胖，特别是肉用型品种更应注意。由于公鸭脂肪过多，性欲不强，而且精液品质差，精子活力低，导致母鸭受精率低。

（4）注意观察配种情况　可于放水时观察公鸭配种情况．要及时将性欲不强、配种能力差或配种过度的公鸭及时取出。有条件的鸭场可适当多留些后备公鸭，对受精率不高的鸭群采取整批更换公鸭的办法。

（5）适当的舍外运动和洗浴　舍外运动和洗浴有助于提高种鸭的体质，有利于配种活动。

（6）保证良好的饲料质量　饲料质量对种公鸭的精液质量有很

大影响，要保证饲料中营养的全价性，饲料中要减少棉仁粕、菜籽粕的用量。可以适当补饲青绿饲料。

（7）种群的大小适当　每个种群内种鸭的数量控制在200~300只，种群过大不利于提高种蛋受精率。

（8）保证鸭群健康　日常管理中要注意采取综合性卫生防疫措施，保证鸭群的健康，只有健康的种鸭才会有高的繁殖性能。

48. 种蛋如何消毒？

由于采用地面平养方式，加上鸭有喜水的习性，垫料常常湿度偏高，鸭种蛋的蛋壳表面常常会沾一些粪便、垫料等，显得较脏。而这些沾在蛋壳表面的污物可能携带有大量的病原体，会对种蛋造成污染。如果不及时进行消毒处理，种蛋表面的微生物进入蛋内后则会影响种蛋孵化率和健雏率。

种蛋消毒一般采用熏蒸消毒的方式。将种蛋放入一个密闭的空间内，按照每立方米空间使用福尔马林20毫升、高锰酸钾10克的用量，加入盆内，放入消毒空间，密闭后熏蒸消毒20分钟，然后打开风扇排除消毒药物气体，再将种蛋转到蛋库保存。

一般较少使用浸泡消毒法，除非是在入孵的时候使用，这种方法是配制消毒药液，水温40℃，将种鸭蛋放入水池中搓洗掉蛋壳表面的污物，取出后放入消毒盆内浸泡3分钟，取出晾干蛋壳表面水珠后装入孵化器进行孵化。水洗后的种蛋由于蛋壳表面的胶护膜消失，不容易保存。

种蛋消毒要在收集后及早进行，这样的消毒效果好。如果存放一段时间则有可能造成部分微生物进入蛋内，影响消毒效果。

49. 种蛋保存要求有哪些？

（1）有专门的种蛋库　种鸭场要设置种蛋库用于存放种蛋，蛋库密闭效果好，日常的卫生工作要做好，库内环境条件能够人为控制。

（2）保存环境条件　蛋库内的温度控制在15℃～22℃，要保持相对稳定；湿度控制在75%左右。

（3）保存时间　通常要求种蛋的保存时间不超过7天。保存时间长会造成孵化率的降低。

50. 夏季如何管理种鸭群？

由于肉种鸭本身没有汗腺，鸭体背覆着羽毛和绒毛，影响散热降温，夏季的高温高湿极易造成鸭群中暑、采食量降低、生产性能降低、死淘率增多。在生产管理方面需要注意以下几点：

（1）保证饮水的充足、清洁　夏季高温会使肉种鸭的饮水量增加，如果饮水不足会加重热应激；高温条件下，饮水更容易变质，必须定期更换，必要时对饮水进行消毒处理。

（2）促进采食　夏季高温影响肉种鸭的食欲，采食量明显下降，这是夏季产蛋率降低的重要原因。要注意调整饲喂时间和方法，刺激种鸭多采食。

（3）加强通风　加大鸭舍内的通风量有助于缓解热应激，要求风速达到1米/秒以上。

（4）湿帘降温　对于密闭式种鸭舍要及时启用湿帘降温—纵向通风系统。

（5）运动场遮阴　舍外运动场周围要栽种树木，用于遮阴，使在舍外活动的种鸭能够在树荫下乘凉；也可以在运动场搭建凉棚，让种鸭在下面休息。

（6）合理安排洗浴　在上午10时前和下午4时后让鸭群下水活动。

（7）夜间舍外露宿　夜间可以让部分种鸭在舍外运动场过夜，减少舍内的温度升高幅度。需要在运动场附近安装若干灯泡。

（8）防止垫料潮湿　夏季肉种鸭饮水多，粪便稀，容易使垫料中含水率偏高。高温高湿容易使垫料发酵产生氨气和热量。

（9）使用抗热应激添加剂　向饲料中添加维生素C（0.03%）

或小苏打（0.1%）有助于缓解热应激。

（10）消灭蚊蝇　夏季也是蚊蝇的繁殖旺盛时期，要注意采取措施进行杀灭。

51. 冬季如何管理种鸭群?

冬季气候多变，气温低、有时会出现气温突然下降，昼短夜长，舍内空气质量差等问题，易造成种鸭产蛋率下降。在饲养管理过程中要做好以下几方面的工作：

（1）保持舍内适宜的温度　冬季可以减少门窗、风机的打开时间，或间歇性地开启，防止通风过程中舍内温度下降幅度过大。门窗可以用草苫遮挡。必要时可以采取加热措施。使舍内温度不低于10℃，而且注意温度保持相对稳定。

（2）加厚垫料　冬季来临的时候将舍内旧垫料的表面再铺一层新垫料，有助于鸭舍保温，也有利于防止种鸭腹部受凉。

（3）合理组织通风　冬季要选择天气温暖晴好的时候让种鸭到舍外运动场活动，在鸭群出舍后，应赶快打开门窗和风机，加强舍内通风换气，待鸭群回舍时，再及时关闭门窗或风机。

（4）强制鸭群运动　冬季鸭群活动减少，易造成鸭体脂肪积聚过多，体躯肥胖，而导致产蛋量下降。因此，在冬季，每天应该对关在棚内饲养的聚堆鸭群进行轻声吆喝，缓慢驱赶，使其在棚内做转圈运动，即为"噪鸭"。每天定时驱赶，每次5~10分钟，每天活动2~4次。这样不仅可以增加鸭群的运动量，健壮身躯，而且还可提高冬季产蛋率。

（5）调整饲料　冬季肉种鸭为了保持体温稳定会消耗较多的能量，饲料的能量水平要适当提高，可以比平时增加0.5%的油脂。

（6）控制下水活动　当外界气温超过13℃、天气晴好无风的时候可以让鸭群到水池中洗浴，洗浴时间应控制在40分钟以内，不能时间太长。

（7）饮用温水　冬季对饮水进行预加热处理，使水温达到

15℃～20℃，能够减少鸭的体能消耗、减少对消化道的不良刺激，有利于保持鸭群的健康。

52. 怎样进行种鸭人工强制换羽？

强制换羽通常是在种鸭源供应不足，预期未来市场肉鸭和鸭苗价格较高的情况下对现有种鸭群进行强制换羽以延长种鸭利用时期的一种方法。

（1）用于强制换羽的种鸭群　选择50～55周龄期间、产蛋率下降到60%左右的种鸭群，喙、蹼的颜色由橘黄色变成淡黄色，甚至苍白色的情况下作为强制换羽的鸭群。在强制换羽计划实施前1周剔除残、弱、过肥、过瘦的鸭只；并按公、母、大、中、小、弱分群。

（2）换羽前的免疫接种　在换羽前15天做好禽流感等疫苗免疫，换羽前7天接种鸭瘟疫苗（2倍量），使得种鸭群在换羽后的产蛋期内有较高的抗体水平。换羽前3天进行驱虫处理。

（3）其他准备工作　更换垫料，将旧垫料清理出去，铺一层新垫料；将挑选后的种鸭分群，每个小群内鸭的数量相同，大小相似。挑出一小群约35只，带脚号，测空腹体重并记录。

（4）应激实施期（1～5天）　鸭群停止喂料，每天供水2次，每次1小时；停止人工光照（仅用自然光照），使每天光照时间不超过12小时；不让鸭群到舍外活动。

（5）观察期（6～11天）　鸭群停止喂料，每天供水3次，每次1小时；采用自然光照，适当遮光以保持舍内较弱的光线。对标记的种鸭进行称重，了解其体重下降情况；观察种鸭羽毛脱落情况，尝试拔掉1～2根主翼羽以检查是否容易拔掉，毛根是否干枯。

（6）恢复时间的确定　在观察期内，如果称量体重发现那一天的实际体重降至初始体重的70%左右，主翼羽的毛根干枯而且容易拔掉，那么这一天就是饲养管理工作回复的时间。

（7）恢复期的管理　恢复期当天开始提供饲料（使用预产期饲

料），每只肉种鸭50克，一次性喂给，要有足够的采食位置保证每只鸭能够均匀采食，以后喂料量逐渐增加，可以按每天20克的幅度递增，大约经过1周的时间使喂料量达到每天每只220克左右（所饲养品种鸭产蛋期采食标准）；在有光照的时间内都提供饮水；从恢复喂料的次日起，在原有光照时间的基础上每天递增20分钟，经过15天左右使每天光照时间达到17小时，之后保持稳定，光照强度保持在35勒左右。当恢复至第九天时进行公、母混群。恢复期间肉种鸭的羽毛大量脱落，要及时清扫。

（8）产蛋期管理　恢复正常喂料后大约经过18天的时间就有部分个体开始产蛋，这时就要将饲料从预产期饲料逐渐更换为产蛋期饲料。在此后，鸭群的产蛋率逐渐上升。环境条件控制、饲喂、饮水、捡蛋、卫生等工作按照种鸭产蛋期的要求执行。

强制换羽期间，公鸭要单独挑出，不能进行强制换羽，但是喂料量保持在每只每天120～150克，保持体重在3.78～3.9千克。

六、商品肉鸭的饲养管理

1. 肉鸭的饲养方式有哪几种?

商品肉鸭的饲养方式主要有地面垫料平养和网上平养两种。

（1）**地面垫料平养** 地面垫料平养是在肉鸭舍的地面先铺一层厚度约7厘米的垫料，并适当踩压，把饲喂用具和饮水器放置在垫料上，让肉鸭在垫料上生活的一种饲养方式。

这种饲养方式的优点：垫料与粪便结合发酵产生热量，可增加室温；垫料中微生物的活动可以产生维生素B_{12}，肉鸭活动时扒翻垫料，从中摄取；设备简单，节约劳力；管理方便。缺点：肉鸭直接接触粪便及饮水污染过的垫料，容易感染由粪便传播的各种疾病，舍内灰尘也较多，容易发生慢性呼吸道病、大肠杆菌病和球虫病，药品和垫料费用大。

（2）**网上平养** 在鸭舍中间设置宽度1~1.3米的走道，两侧设置网床，网床高约0.6米，宽3~4米，网床可用木架、钢架或水泥架固定，用塑网和塑钢线等铺设网床，育雏鸭（0~21日龄）网床网眼1厘米×1厘米，育肥鸭（21日龄以上）网床网眼2厘米×2厘米，网架外侧设高50厘米左右的鸭栅。网床上设置料桶，在网床内侧用PC管设置水槽，网床分为多个养殖单元，以15~20米^{2}为一个养殖单元。这种饲养方式肉鸭不与粪便接触，羽毛干净，疾病较少。

2. 商品肉鸭养殖的环境温度、湿度如何控制?

（1）温度控制　鸭舍内的温度对商品肉鸭的健康、生长发育具有重要影响。各日龄的温度要求（肉鸭身体周围温度）见表6-1。总的趋势是日龄小的肉鸭要求温度高，随日龄增大，温度逐渐下降。

表6-1　商品肉鸭养殖温度要求

日龄（天）	1~3	4~7	8~14	15~21	22~28	29以后
温度（℃）	32~30	30~29	29~27	27~25	25~22	不低于20

在日常管理中要结合温度计的显示，观察肉鸭的行为表现，看雏施温。

要注意保持舍内温度的相对稳定，如果需要降温也要逐渐进行，避免温度骤升骤降。

（2）湿度控制　10日龄前鸭舍内的相对湿度控制为65%，湿度低容易造成垫料中粉尘飞扬；11日龄后控制为60%，要注意防止湿度偏高。

3. 商品肉鸭养殖的光照如何控制?

光照主要影响肉鸭的活动、采食、饮水、休息等。

（1）光照时间控制　3天以前采用连续照明，让雏鸭尽快适应环境；4日龄后至出栏期间，一般每天光照时间控制为20小时，较长时间的光照有利于肉鸭多采食、能够促进增重。同时，在非光照期间鸭舍内间隔性保留几个小功率灯泡，让肉鸭能够看到一点点亮光，有利于防止肉鸭惊群。一般不采用间歇光照。

（2）光照强度　7天之前光线稍亮一些，也是方便肉鸭熟悉环境，光照强度控制在50勒左右；8日龄以后到出栏，光照弱一些，光照强度控制在30勒左右，让饲养员进入鸭舍后能够比较清晰地看到鸭的精神状态、羽毛状况、饲料和饮水情况、垫料情况等。

4. 肉鸭养殖过程中如何进行通风换气?

肉鸭养殖过程中通常需要较高的舍内温度,尤其是在15日龄之前。而通风带来的效应常常伴随室内温度的下降,这就造成通风与保温之间的矛盾,这也是在肉鸭生产中通风所需要解决好的问题。

在高温和常温季节,通风与保温的矛盾不明显,除第一周少量通风外,进入第二周就可以适当加大通风量和通风时间,以后随日龄增大也逐渐加大通风量、延长通风时间。在夏季高温期间,如果是4周龄以后的肉鸭还需要通过加大通风量和鸭舍内的气流速度缓解热应激。一般第一周的舍内气流速度为0.1米/秒左右,第二周为0.15米/秒、第三周0.2米/秒、第四周0.25米/秒、第五周以后平时为0.3米/秒、中午前后要达到0.5米/秒以上。

在低温季节,如果不对进入鸭舍的空气进行预热处理,则通风的时候就会造成鸭舍内靠近进风口附近的位置温度快速下降,温度明显低于肉鸭的温度控制标准,造成冷应激。肉鸭有可能因此受凉,抵抗力下降,容易继发感染其他疾病。因此,在这种情况下,要在保证舍内空气中有害气体不超标的前提下,减少通风量。同时,要对进风口内侧进行导流处理,避免冷空气直接吹到鸭身上。在3周龄后的通风时间主要安排在中午前后外界温度稍高的时段进行。如果使用热风炉向鸭舍内吹送热风则是解决通风与保温矛盾的有效手段;对进风口进行加热处理,使通风时进入鸭舍的空气经过加热也是缓解这一矛盾的可行方法。

5. 商品肉鸭的饲养密度如何确定?

肉鸭饲养密度过大,容易引起鸭群拥挤,采食饮水不均,空气污浊,不利于鸭子生长和羽毛着生,并且易出现应激反应,此种情况最容易引起疫病的发生。如果密度过低,不易保温、饲养设施设备利用率低,影响经济效益(表6-2)。

表6-2　商品肉鸭饲养密度参考标准　（只/米²）

日　龄		1～7	8～14	15～21	22～28	29～35	36～42
饲养密度	地面平养	20～25	10～15	7～10	5～7	4～5	3～4
	网上平养	25～30	15～20	8～13	6～7	5～6	4～5

一般可以在鸭群休息时观察密度是否合适，如果鸭群卧在地面有1/3左右的地面空闲是适宜的。

6. 肉鸭饲养前应做好哪些准备？

（1）育雏数量的确定

①要考虑投资能力　对于肉鸭生产的固定投资，一般按照每只鸭20～25元计算，由于各地情况不同会有较大的差别。对于每批出栏3 000只肉鸭的饲养者来说，初期的固定投资就需要6万元左右。1只雏鸭饲养至出栏的投资需要15元左右。在确定存栏数量时必须根据自己的资金基础做出决定，避免在饲养过程中由于资金的短缺而出现饲料及其他生产必需品无法保证的问题。

②要考虑饲养的环境与设施条件　每只肉鸭约需要0.1～0.12米²的鸭舍面积。饲养和活动面积不足则会影响鸭群正常的生长和生产。

③要分析市场需求的情况　对于一个鸭场来说，生产效益最主要的决定因素是产品的销售价格。因此，如果判断出当鸭群出栏的价格较高时可以适当增加饲养量，相反则应该适当压缩饲养规模。

（2）育雏舍和设备的检修、清洗及消毒　肉鸭主要是在舍内进行饲养，育雏开始前要对鸭舍及其设备进行清洗和检修。目的是尽可能将环境中的微生物减至最少，保证舍内环境的适宜和稳定，有效防止其他动物的进入。

对鸭舍的屋顶、墙壁、地面、取暖、供水、供料、供电等设备进行彻底的清扫、检修，能冲洗的要冲洗干净，鼠洞要堵死，然后再进行消毒。用石灰水、碱水或其他消毒药水喷洒或涂刷。清洗干净的设备用具需经太阳晒干。

清扫和整理完毕后在舍内地面铺上一层干净、柔软的垫料，一切用具搬到舍内，用福尔马林熏蒸法消毒（按1米³空间用福尔马林30毫升，高锰酸钾15克熏蒸24小时，然后放尽烟雾。为降低成本可不用高锰酸钾，将福尔马林和水按1：1的比例直接倒入瓷盘中，将瓷盘加热使其挥发进行熏蒸）。鸭舍门口应设置消毒池，放入消毒液。

（3）饲养用具设备等物资的准备　应根据肉鸭饲养的数量和饲养方式配备足够的保温设备、垫料（干燥、无发霉、无异味、柔软、吸水性强）、围栏、料槽、水槽、水盆（前期雏鸭洗浴用）、清洁工具等设备用具，备好饲料、药品、疫苗、温度计，制定好操作规程和生产记录表格。

（4）选好饲养人员　肉鸭养殖是一项细致、复杂而辛苦的工作，育雏前要慎重地选好饲养人员。作为育雏人员要有一定的科学养鸭知识和技能，要热爱育雏工作，具有认真负责的工作态度。对于初次做此项工作的人员，要进行岗前技术培训。

（5）垫料铺设　试温前将经过太阳暴晒的垫料铺在舍内的地面，厚度5~8厘米，厚薄均匀。

（6）做好试温工作　无论采用哪种方式育雏和供温，进雏前2~4天（根据育雏季节和加热方式而定）对舍内保温设备要进行检修和调试，在雏鸭接入育雏舍前1天，要保证舍内温度达到育雏所需要的温度（33℃），并注意加热设备的调试以保持温度的稳定。

7. 如何选择商品雏鸭？

为获得良好的饲养效果，选择优质的雏鸭是关键之一。

（1）对供雏者的选择　在选择供雏者时最好到规模大、选育工作开展较好的种鸭场。

（2）对孵化情况的选择　购买雏鸭要到孵化技术先进、孵化卫生管理较好的孵化场，以减少雏鸭在孵化期间的感染问题。在挑选的时候要挑选在正常出雏时间出壳、当批次种蛋受精率和孵化率要高。

（3）对雏鸭自身情况的选择　雏鸭的毛色要一致、羽毛整洁而富有光泽、大小相近、眼大有神、行动灵活、抓在手中挣扎有力、脐部收缩良好、鸣叫声响亮而清脆的雏鸭。这样的雏鸭体质健壮，活力强。

凡是体重过大或过小、软弱无力、腹部大（蛋黄吸收不好）、脐部愈合不好（脐孔没收紧、钉脐、血脐）的都是弱雏，弱雏育雏率低。凡是有残疾的，如跛脚、盲眼、歪头等均应剔除。如果选择作为种用的雏鸭还应符合品种的外貌特征。

8. 如何掌握肉鸭的饮水和开食？

雏鸭要掌握"早饮水、早开食、饮水开食连续做"的原则。雏鸭出壳24小时内饮用0.02%的高锰酸钾水或5%的葡萄糖水，在雏鸭安置好后立即将真空饮水器放入圈栏内让雏鸭饮水。在安排好饮水器后就可以立即喂食，一般使用雏鸭料，撒在油布或塑料布、料盘上，要撒得均匀，并用手指敲击饲料以引诱雏鸭采食。喂食应遵循少给勤添的原则。

9. 肉鸭日常的喂料和饮水如何控制？

（1）日常喂料管理　10日龄前一般是按时饲喂，前3天每天饲喂7次，4～7天每天饲喂6次；8～10天每天饲喂5次；一般每次喂料后让鸭群能够在30分钟左右基本吃完。11天后可以采用自由采食的方式，每天向料箱或料桶内添加两次饲料，保证其中饲料不断，肉鸭随时可以采食。

（2）日常饮水管理　7日龄前一般使用容量为2.5升的真空饮水器，每个饮水器可以供30～50只肉鸭使用，每天更换饮水2～3次。8日龄后改用乳头式饮水器或水槽供水，如果使用水槽供水则需要在水槽上加罩网以防止肉鸭进入水槽内；如果使用乳头式饮水器，要求每7只肉鸭有1个饮水乳头。饮水要求量要足、水的卫生质量好。

肉鸭的喂料设备和饮食设备之间相距1米左右，如果距离远则肉鸭在两者之间跑动较多，消耗能量较多。

10. 使用水槽或水盆饮水的注意事项有哪些？

在小规模肉鸭生产中，15日龄后的肉鸭常常使用水槽或水盆供水，这两种供水方式容易造成饮水污染和垫料潮湿，使用过程中需要注意以下几点：

（1）防止肉鸭进入其中　肉鸭作为水禽有嬉水的天性，喜欢跳入水中活动。但是，肉鸭进入水槽或水盆中以后容易把饮水弄脏，造成饮水污染。此外，肉鸭在饮水里嬉戏也会消耗能量，不利于提高饲料效率，也容易把垫料弄湿。

（2）定时刷洗　鸭采食过程中每吃几口饲料就会去喝几口水，然后再吃料，如此循环。鸭饮水后喙部沾有水，在吃料的时候饲料会沾在喙部，喝水的时候沾在喙上的饲料就会进入水中。因此，使用水槽或水盆供水的情况下槽或盆的底部常常会有较多的饲料沉淀，如果不及时清理则会使饮水变质。

（3）合理放置　肉鸭饮水时喜欢甩头，把喙部沾的水甩掉，这种行为也容易造成饮水设备附近的地面、垫料潮湿。因此，一般把这类饮水器靠鸭舍的一侧设置，放置的位置比其他地方略低并有排水沟，防止抛洒出的水弄湿附近的垫料。

11. 如何管理肉鸭的垫料？

地面垫料平养是肉鸭的常用饲养方式，日常管理中垫料的管理是重要的内容。

（1）合理选择垫料　要求垫料应具备柔软、干燥、吸水性好、无发霉变质、无尖刺、粉尘少、无毒无异味等。常用的垫料有稻壳、碎稻草、碎麦秸、刨花、锯末等。

（2）垫料的用前处理　垫料在使用前最好用消毒剂喷洒消毒，

然后在太阳下暴晒，暴晒过程中要定期翻动以促进水分的蒸发，在这个过程中将发霉结块的垫料拣出，将落在地面的粉尘清理掉。保证垫料的干净、干燥。

（3）**垫料的铺设**　肉鸭苗接入鸭舍前3～5天在地面干燥的情况下将垫料铺设在鸭群生活的范围内的地面，厚度约7厘米，铺设均匀，铺后踩实。以后要根据垫料情况，当把潮湿、结块的垫料清理出去后在原地需要再铺新垫料。

（4）**饲养期间的垫料管理**　注意定期用铁锹或其他工具将垫料摊平，把潮湿、结块的垫料清理出去。每间隔10天可以在原垫料上铺一些新垫料，保持垫料表层的干净。

（5）**废垫料的处理**　肉鸭出栏后将混有粪便的垫料集中清理出来，运输到指定地点进行堆积发酵，之后作为有机肥使用。

12. 肉鸭养殖如何分群？

分群管理是提高肉鸭养殖效果的重要措施。

一般在肉鸭舍内将饲养场地分隔成若干个圈栏，每个圈栏内的肉鸭为一个小群。在3周龄后每个圈栏的面积约30米²，可以饲养200只左右的肉鸭.

每个圈栏内肉鸭的性别、体格大小要相似。如果一个小群内肉鸭的体格大小差别大，既不利于产品规格的一致性，也容易使体格小的个体发育更受影响。

分群后在日常管理中，一般每个周龄末根据小群内肉鸭的发育情况进行适当地调群，并使调整后每个小群内的个体尽量一致。

分群管理也有利于卫生防疫工作的开展。

13. 如何监控肉鸭的采食量？

肉鸭的采食量与其生长发育速度关系密切，采食量越大则生长速度越快。因此，在肉鸭养殖实践中需要经常性地了解、测定肉鸭的采食量是否符合标准（表6-3）。

表 6-3　肉鸭采食量参考标准

日龄	采食量 （克/只·日）	日龄	采食量 （克/只·日）	日龄	采食量 （克/只·日）
1	8	15	99	29	173
2	14	16	105	30	179
3	20	17	109	31	184
4	26	18	113	32	190
5	30	19	118	33	195
6	36	20	123	34	201
7	45	21	128	35	207
8	50	22	140	36	212
9	56	23	144	37	217
10	71	24	149	38	223
11	77	25	154	39	228
12	86	26	159	40	233
13	90	27	163	41	238
14	97	28	168	42	243

采食量受饲料营养浓度、饲料的形状、适口性，喂料方法，饲养方式，鸭舍内的温度，饮水的供应和水质量，鸭的健康状况、应激问题等因素的影响。如果采食量不足就必须及时查找原因并进行处理。

14. 肉鸭饲料的更换有哪些要求？

在肉鸭养殖过程中不可避免地遇到更换饲料的问题，如何更换才能减轻对肉鸭造成的应激，需要注意以下几点：

（1）正常的换料程序　一般在第一周使用碎粒料、第二周使用肉鸭前期颗粒饲料，第四周以后使用肉鸭后期颗粒饲料。3类饲料不仅营养水平不同，形状大小也有差别。更换饲料要有一个过渡过程。一般在第一天使用原饲料80%、新饲料20%，第二天使用原饲料70%、新饲料30%，第三天使用原饲料55%、新饲料45%，第四天使用原饲料40%、新饲料60%，第五天使用原饲料25%、新饲料

75%，第六天可以完全换用新饲料。

（2）非常规性更换饲料　如果使用某个公司的饲料出现饲养效果不理想的情况，需要更换其他公司的饲料，可以通过3天的过渡期进行更换。如果使用某公司的饲料饲养效果是理想的则尽可能不要更换饲料，除非到下一批肉鸭饲养的时候再更换。

更换饲料对肉鸭是一种应激，如果应激大则会影响肉鸭的生长。而肉鸭生长速度快，饲养期短，一旦受影响则在出栏日龄的体重会明显偏小。

15. 肉鸭养殖如何使用益生菌？

鸭子日常采食、饮水时，通常会摄入一定量的有害菌，这些有害菌不仅会破坏鸭子肠道微生态环境，阻碍肠道对饲料的消化吸收，还会让鸭子出现腹泻等肠道疾病，阻碍鸭子的健康生长。使用益生菌兑水给鸭饮用，这些益生菌进入鸭子肠道后，会与有害菌竞争肠道内的附着位点，将一部分有害菌挤掉，为肠道营造良好的环境，促进肠道消化吸收功能，预防肠道疾病。另外，通常饲料中的养分在有害菌的分解下，会产生大量的氨气、臭味，使用益生菌给鸭子饮水后，鸭粪的氨味也会减少。合理使用益生菌制品能够有效减少肠道疾病的发生，能够减少药物的使用。

为了提高益生菌的使用效果，建议在第一周每天通过饮水添加1次，每次饮用2小时，其他时间饮用一般饮水。这样在肉鸭肠道内尚处于相对清洁的状态让益生菌先进入并占据肠黏膜上的大部分位置，以后即使是有害菌进入肠道也会因为能够占据的位点少而不会产生较大的影响。

为了巩固益生菌在肠道黏膜上附着量的优势，一般每隔5~7天再通过饮水添加使用2天。

16. 夏季如何调整肉鸭的饲料成分和饲喂方法？

由于鸭的采食量随环境温度的升高而下降，所以应配制夏、秋季高温用的、不同生长阶段的肉鸭日粮，以保证鸭每日的营养摄取量。

提高矿物质与维生素的添加量。由于鸭采食量下降，要保证肉鸭各种矿物质与维生素营养成分摄入量不变，应适当提高其日粮中的含量。夏季鸭体排泄钠、钾增加，由于喘息血浆中二氧化碳浓度下降，有可能出现呼吸性中毒，因此，在日粮中或饮水中补加额外的钠、钾及在饮水中补加碳酸盐均有利于维持电解质平衡。夏季高温时，饲料中的营养物质易被氧化，且高温等应激因素造成鸭的生理紧张，不仅降低鸭机体维生素C合成能力，同时鸭对维生素C等营养物质的需求量相对提高，所以高温时节每千克饲料中应另加50～200毫克维生素C，这有利于减轻因应激因素对鸭体产生的不利影响。

保持饲料新鲜。在高温、高湿期间，自配饲料或购入的饲料放置过久或饲喂时在料槽中放置时间过长均会引起饲料发酵变质，甚至出现霉变。因而每次配料或购买饲料时，以一周左右用完为宜，保证饲料新鲜。在饲喂时应少量多次，采用湿拌粉料更应少喂勤添。

17. 夏季如何降低鸭群的应激反应？

（1）保持鸭舍清洁、干燥、通风　增加鸭舍打扫次数，缩短鸭粪在舍内的时间，防止高温下粪便带来的危害。饮水槽尽量放置在鸭舍四周，不要让鸭饮水时将水洒向四周，更不要让鸭在水槽中嬉水。

（2）适当减少饲养密度　适量减少舍饲数量和增加鸭舍中水、料槽的数量，可使鸭舍内因鸭数的减少而降低总热量，同时避免因料槽或水槽的不足造成争食、拥挤而导致个体产热量的上升。

（3）搞好鸭舍通风换气，加快鸭体散热　保证鸭舍四周敞开，使鸭舍内有空气对流作用，加大通风量。可采用通风设备加强通风，保证空气流动。夜间也应加强通风，使鸭在夜间能恢复体能，缓解白天酷暑抗应激的影响。避免干扰鸭群，使鸭的活动量降低到最低的限度，减少鸭体热的增加。

（4）做好日常消毒工作　鸭舍内定期消毒，防止鸭因有害微生物的侵袭而造成抵抗力的下降，防止苍蝇、蚊子滋生，使鸭免受虫害干扰，增强鸭群的抗应激能力。

18. 为什么强调冬季和早春要加强肉鸭的管理?

冬季和早春，气温较低而且变化幅度大、变化频繁，遇到外界温度的突然下降会造成鸭舍温度的较大幅度降低。在这个季节为了保持鸭舍温度的相对稳定，需要适当密闭鸭棚给鸭群保温，棚舍内相对封闭，舍内有害气体浓度升高，刺激并损害肉鸭呼吸道黏膜，引起呼吸道疾病。冬季和早春由于通风量小，鸭舍内地面上的垫料易受潮受污染，各种病原菌滋生繁殖快，细菌性疾病和病毒性疾病在冬季易发生；加上时常有寒流袭击，肉鸭要消耗自身的能量来抵御寒冷，若保温措施不力，冷应激也易造成机体抵抗力下降，而诱发疾病。发病的鸭群生长速度减慢，料肉比增高，死亡率和淘汰率加大，而且发病后需耗用一定量的药物治疗，这些不利因素大大增加了养殖成本，会给养鸭户造成巨大的经济损失。

19. 冬季肉鸭群的管理注意事项有哪些?

（1）做好防寒保暖工作　鸭为水禽，有较强的抗寒能力，但也要注意适时采取保温措施，否则其生长发育和健康也会受到不良影响。特别在我国的北方地区，应遮挡鸭舍西、北方向的窗户，防止冷风直接吹进鸭舍，尤其是避免冷风直接吹到鸭身上。必要时可采取加热措施，防止水槽结冰。经常检修饮水器或饮水槽，防水四溢，以保持舍内地面干燥。

（2）保持鸭舍内空气新鲜　冬季为了保温，鸭舍相对封闭，饲养密度高，通风少会造成鸭舍内大量有害气体滞留，这是引起呼吸系统疾病的重要原因。要在保温的前提下适当通风换气。在有阳光的正午，打开被阳光照射的门、窗户通风换气1～2小时，必要时打开风机进行通风换气。工作人员进入鸭舍后应该没有明显的刺鼻、刺眼的感觉。

（3）做好垫料管理　肉鸭用的垫料一般是稻糠，吸水性较好。有的养鸭者图省事，在已经潮湿的垫料上再铺一层干燥的稻糠，由于原有的垫料中混有大量的鸭粪，日久发酵产生大量的有害气体，不利于肉鸭生长，所以要及时更换垫料。也可以在垫料中混入一些益生菌制剂，控制有害细菌的繁殖，减少氨气的产生。

（4）搞好环境卫生、保持舍内地面干燥　饮水器、料槽、用具等经常性清洗、消毒；场内杂草、垃圾、鸭粪等及时清除。水槽附近潮湿的垫料及时更换。

20. 生产中如何观察鸭群？

肉鸭生产中的重要工作项目就是观察鸭群，目的在于及时发现问题和解决问题，保证鸭群的健康生长。日常的观察主要有以下几方面：

（1）采食量和饮水量的变化　养鸭管理者必须知道自己的鸭群每天吃多少料？喝多少水？有好多养鸭户根本不计算自己鸭群每天的吃料量，有计算的最多是生产了1吨饲料鸭群吃了几天。实际生产过程中，只要眼睛观察到鸭群少吃料了，鸭群的采食量最少也下降了10%左右，可能问题已经较大了。所以，要求必须知道自己的鸭群每天的吃料量，这样就很容易发现鸭群采食量的变化，发现问题及时解决。

（2）掌握鸭群体重的增长情况　肉鸭的饲养期短，了解每周鸭群体重的变化很重要，一定要每周称一次体重，找到标准手册对照一下，看看是否符合标准。如果以前体重在正常值以内，这周体重下降了，一定要注意潜伏问题，也许说明鸭群的健康已经出现问题了。

（3）听呼吸音　每天晚上睡觉前一定要到鸭舍里面去听上5分

钟，听一下有无呼吸道的声音。因为在发生呼吸道病的时候不是一下子就暴发的，大多时候都是发现晚了，只要发生在前期很好治疗。

（4）看粪便　从粪便的观察中能够提前发现病情，观察粪便要从两方面去观察：第一是看颜色，如果粪便呈红色或表面有鲜血，一般是球虫病的症状，但现在要注意球虫和坏死性肠炎的混感；粪便呈黄色像米汤样的粪便要注意流感等病变；绿色粪便还要分干绿和稀绿，干绿一般见于菌群失调；稀绿见于病毒病的感染；近几年黑色粪便越来越多，黑色便是由于霉菌毒素引起的，混有肠毒病的一种粪便。第二是看粪便形状：如果呈细条状，发干，可能是由于肠道出血造成蠕动变慢，粪便在肠道停留时间过长水分吸收过多造成的，这样的粪便鸭群一般伴随着采食量低下；水样粪便，这是由于肠道功能失调，水肿，造成肠道不能吸收水分所致。

（5）观察鸭群精神状态　远处观察如见到缩脖、弓腰、尾巴下垂、眼睛半睁半闭的话，常常是有健康方面的问题。近处观察看鸭只眼睛是否明亮、是否流泪、鼻孔是否流鼻液、脖颈上的羽毛是否倒立、鸭只是否有异常呼吸音等。

（6）观察设备运行是否正常　检查各种设备如环境控制、喂料饮水、网床、卫生等设备运行情况。

21. 如何管理肉鸭的饮水设备？

肉鸭的饮水设备主要有乳头式饮水器、水槽（长流水）和水盆等，不同的肉鸭场可能会使用不同的饮水设备。肉鸭养殖过程中容易把饮水弄脏，在高温条件下容易被微生物污染，因此肉鸭的饮水设备管理需要认真处理，否则会影响肉鸭的健康。

（1）乳头式饮水器的管理　乳头式饮水器是大型规模化肉鸭场使用较多的饮水方式。在使用过程中饮水乳头高度应随需要经常调整，在最初两周内每2天调整1次高度，以后每天调整1次，出水柱的底部应当设置在与鸭的眼睛齐平高度，以便肉鸭轻微仰头才能饮水。乳头式供水系统虽然比开放式供水污染少但仍有细菌、矿物质、脏物、碎屑等残存于水管内，如果时间长了会使水管内壁有较多的污垢沉积，使用高压冲洗（1.05～2.0千克/平方厘米）是最简单和最有效的清洁方法，应每周冲洗1次；目前有专用的水线清洁设备，可以每2周清理1次。

（2）水槽的管理　在中小型肉鸭场内使用水槽饮水的比较多，一般是在鸭舍内靠墙设置水槽，前端安装有水龙头、末端有排水口。要求水槽上面必须加装栅栏，有用金属材质的、也有用竹木制作的，栅条的宽度为5厘米，鸭可以将头颈伸进去喝水，但不能跳入水槽内洗浴。水槽内的水深度控制在5～8厘米。排水口通常关闭，每间隔4小时排放1次，将槽内的水放掉，然后再关闭排水口，放入新鲜的饮水。

（3）水盆的管理　在一些小型肉鸭场会在鸭群3周龄后使用水盆供水，使用水盆必须注意定时更换饮水并刷洗水盆，一般根据鸭的周龄大小，每间隔3～5小时更换1次。当气候炎热的情况下应缩短更换间隔，以免饮水变质。

22. 通过饮水添加其他物品的管理应注意什么？

在肉鸭生产中有时会通过饮水添加一些营养性添加剂、抗病药物等，要注意合理使用这些添加剂和加强管理，提高使用效果。

（1）要注意添加量　按照添加物的使用说明，结合鸭群当天总的预计饮水量，可以在上、下午分两次添加。每次添加有添加物的饮水量要让鸭群在1.5小时内饮用完毕，时间长了可能会使添加物失效，甚至造成饮水污染。其他时间应让鸭群饮用普通的饮水。

（2）注意用前后饮水设备的清洗　每种添加物在使用前后要及时清洗饮水设备，避免水中杂物对添加物的影响，也要避免添加物附着在饮水设备的内表面。

（3）注意添加物的使用规范　有的抗生素是不允许在肉鸭生产中使用的，有的可以在3周龄前使用而以后不可以使用；营养性添加剂主要用于第一周的雏鸭，用于提高其抗病力和促进生长发育；

益生素类应在第一周添加，以后每隔7天使用2～3天。

23. 如何减少肉鸭生产中的应激？

应激是指一切不利于肉鸭生长的自然的、人为的因素，避免或减少应激是保证肉鸭健康发育的前提。肉鸭的生长期短，应激发生后常常会造成肉鸭的生长停滞或减慢，如果应激问题发生较多则鸭群的生产性能将会受到很大的影响。因此，在生产中要注意分析引起肉鸭应激的因素并采取预防性措施。

（1）保持鸭舍内适宜的温度 满足不同日龄鸭群对温度的要求标准，温度不能忽高忽低，要稳定。

（2）饲养密度适中 密度不宜过大，要均匀。饲养密度高是造成鸭群生长速度慢、残次品多、整齐度差、发病多的重要原因。

（3）湿度适宜 由于肉鸭常常采用地面垫料饲养，舍内不可太干燥或太潮湿。过于干燥常常引起粉尘飞扬，过于潮湿容易诱发霉菌性和细菌性疾病。

（4）保持鸭舍内良好的空气质量 舍内通风良好，不可有太大的氨臭味，保证充足的氧气。氨气含量高容易造成呼吸道黏膜水肿并诱发呼吸系统疾病。

（5）防止鸭群受惊吓 不能让生人入舍，饲喂人员衣着要固定，衣服颜色不要随意更换。鼠、鸟不能入舍，以免偷食饲料传播疾病。不能有太大的声音惊扰鸭群，以免猝死增多。

（6）舍内光照适宜 光线不宜过强，停电时不可用手电照射。光线强容易使肉鸭兴奋，会诱发啄癖。

（7）肉鸭换料期至少应有3天的过渡期 切忌突然更换饲料，以防造成应激而影响采食量和生长速度。

（8）关注天气变化 经常看天气预报，避免因气候突变而措手不及。

（9）保持生产管理程序的稳定 饲养管理程序要稳定，肉鸭适应已经形成的管理程序后如果发生变动也会造成应激。

24. 肉鸭生产中如何节约饲料?

肉鸭的生产成本中饲料成本约占70%，而且在饲养过程中或多或少地存在饲料浪费问题，减少饲料浪费是提高饲养效益的重要措施。

（1）肉鸭的种质质量要好　品种优良的肉鸭生长速度快，抗病力强，对饲料的利用率高，其生产性能比退化品种的肉鸭要高得多。

（2）饲料配方要科学　应根据鸭的品种、公母、不同生长时期、生长环境和季节等因素来确定饲料中的蛋白质、能量、维生素和矿物质等营养成分的含量。不能套用一个固定的配方。配方合理能够使各种营养素最大限度地得到利用，减少营养素的浪费。如果配方不合理，就会使饲料效率降低，这是肉鸭生产中饲料浪费的主要源头。

（3）妥善保管饲料　饲料原料和饲料保存时间最好不超过3周，饲料配好后要存放在阴凉、通风、干燥处，以避免饲料中的脂肪氧化和维生素A、维生素E遭到破坏。存放饲料时，饲料与地面之间要放置一层防潮材料并垫高20厘米，以防止饲料板结、霉变。在夏季湿热季节，饲料贮存库要通风良好，定期测量饲料内的温度以防发热、自燃等。饲料袋若有破口也要及时补好。

（4）做好料槽管理　料槽大小、深度要根据鸭的品种、日龄大小设计。养大龄鸭时，有的农户为了省钱和方便加料常用大盆代替料槽，鸭易跳进盆内边吃边刨，饲料浪费率达5%～15%，应改用大鸭专用料槽，且料槽设计成肚大口小，两边上缘应用卷边，既便于采食，又不浪费饲料。地面平养时，若料槽放置过低，料槽中的饲料很容易被鸭扒出。因此。要尽可能把料槽放得高一些，也可用绳或铁丝吊起来，料槽的上缘要高于鸭背，防止饲料被刨到槽外浪费掉。另外，平时应注意及时修缮料槽，以防漏料造成浪费。

（5）注意水槽维修与更换　农户养殖大龄鸭普遍采用切开的塑料管当水槽，这样的水槽容易变形、破裂，平时应经常检查，若发现破漏应尽早修复，水外溢则换成专用水槽。一般每50只鸭应有1米的饮水位，这样可保证鸭充分饮水，还可减少饲料消耗15%左右，而且鸭增重快。

鸭在喝水时，易把嘴内、喙上的料带到水槽内，因此应在每天晚上熄灯前清理1次水槽，以保证卫生。

（6）合理使用添加剂　矿物质、维生素、氨基酸等营养性添加剂是必需的，其他非营养性添加剂对提高肉鸭的生长速度及饲料利用率也有很大帮助。如益生菌、酶制剂、有机酸、多肽等，对提高肉鸭增重和饲料利用率有明显效果。

（7）料槽和水槽的布局合理　一般要求料槽与水槽之间的距离为1.5米左右。如果距离远，肉鸭吃料后再去喝水，来回走动消耗的能量较多；如果距离近则鸭喝水后喙部沾的水容易带入料槽，造成饲料潮湿，容易发霉、变质，营养素容易破坏。

（8）饲喂方法要正确　加料过程中如果不熟练则饲料易撒到料槽外，从而造成较大的浪费。一次加料量过多也是造成饲料浪费的主要原因之一，有试验表明当饲料添加量达到料槽2/3深度时，饲料浪费量约占12%；加到料槽一半深度时，饲料浪费约5%；加到1/3深度时，饲料浪费约2%。因此，一次饲料加入量以不超过料槽深度的1/3为宜。

（9）饲料料型要适宜　饲料分为粉料、颗粒料和破碎颗粒料3种。采用颗粒饲料要比粉料节约10%，有助于生产水平的提高，但要注意不同生产阶段的饲料颗粒大小一定要合适。

（10）环境条件要适宜　环境温度偏低会造成肉鸭体温散失和体内营养物质的消耗增加；温度偏高则会因为饮水过多影响饲料的消化和吸收。鸭舍内湿度高容易导致饲料中的营养素被破坏。

（11）随时淘汰病、弱、残鸭　这些个体生长速度慢，产品的残次率高，是造成饲料报酬低的原因之一。因此，必须加强饲养管理，随时淘汰病、弱、残鸭，保持鸭群良好的健康状况和合理的鸭群组合。

（12）保证鸭群的健康　要坚持"预防为主，防重于治"的方针。按当地疫病流行情况按时接种疫苗和进行预防性投药，特别是对慢性疾病的防治尤为重要。鸭群一旦出现健康问题就不可避免地影响生长速度，影响饲料的利用效率。

（13）注意防鸟灭鼠　养殖场内的飞鸟和老鼠较多，他们不仅是病原体的传播媒介，也会偷吃饲料。要通过多种措施进行驱赶和捕灭。

（14）及时出栏　肉鸭在35～45日龄出栏较合适，因为这时肉鸭增重、饲料报酬已达到高峰，超过45日龄肉鸭增重速度下降，饲料报酬降低。

25. 肉鸭啄癖发生的主要原因有哪些？

在肉鸭养殖中，常出现多只肉鸭自啄或相互啄羽的现象，羽毛被啄出以后常被吃掉。肉鸭啄毛会造成羽毛稀疏、折断，毛囊出血，食欲减退，严重影响鸭子的正常生长，如果被细菌感染还会引起肉鸭发病甚至死亡；有些肉鸭因为啄癖可能造成皮肤损伤而成为次品。

造成啄癖问题的原因很多，归纳起来主要有以下几种：

（1）环境因素　肉鸭饲养密度过大，运动不足，尤其在冬季因保暖而使圈舍通风不良，舍内过热、过湿，氨气和二氧化碳浓度超过鸭群耐受程度，还有光照过强、光线明暗分布不均等都可能引起啄癖。

（2）营养缺乏　配合配方设计不合理，蛋白质或必需氨基酸含量不足，在缺少蛋氨酸、胱氨酸、维生素A和烟酸时容易发生鸭子啄毛；钙、磷含量不足或比例失调，缺乏食盐、矿物质和微量元素时也容易发生鸭子啄毛。饲料中粗纤维含量过低，肠道蠕动不够也是诱因之一。

（3）管理因素　鸭粪清除不及时，粪便发酵产生粪毒素、氨气等有害物质，刺激鸭体表皮肤发痒；鸭舍内湿度大，垫料潮湿，鸭羽毛脏乱、污秽，也能造成自啄，转而互啄。缺少运动也能引起鸭子啄毛。

（4）饲养不当　饲料突变，饲喂不定时不定量，饮水不足。

（5）蚊虫叮咬　夏日吸血性蚊虫大量繁殖，并叮咬肉鸭，致使体表奇痒而引起啄癖。

啄癖发生后治疗效果常常不理想，需要针对上述发病原因采取预防性措施。

26. 如何做好肉鸭的脱温工作？

肉鸭饲养过程中，鸭舍内的环境温度随着肉鸭日龄的增大而逐渐降低。在10日龄以前，无论是白天或是夜间都需要适当加热以保持鸭舍内的较高温度。11日龄以后的加热情况与外界温度的高低有关。脱温是一个渐进性的过程，温度的下降过程是缓慢的，不能有突然的变化。

如果处于5～9月份，外界温度高，11～15日龄的鸭群在中午前后室外温度超过27℃的情况下，可以关闭鸭舍内的加热系统；16～21日龄的鸭群在舍外温度超过25℃的情况下，22～28日龄的鸭群在舍外温度超过23℃的情况下，29日龄以后的鸭群在外界温度超过20℃的情况下都可以停止加热；当外环境温度低于这种标准的时候需要加热。

如果处于4～5月份和9～10月份，外界温度温暖或凉爽的情况下，15日龄以前的鸭群都需要全天加热。16日龄后的鸭群通常只有在中午前后视天气情况决定是否需要加热。一般16～21日龄的鸭群在舍外温度超过25℃的情况下、22～28日龄的鸭群在舍外温度超过23℃的情况下、29日龄以后的鸭群在外界温度超过20℃的情况下都可以停止加热；当外环境温度低于这种标准的时候需要加热。

饲养期处于低温季节（当年的11月份至翌年3月份）的肉鸭，由于外界温度低（即使是在中午前后舍外温度也很少能够达到20℃以上），在30日龄之前通常都应全天加热，只是在中午前后可以减少加热设备的使用数量或功率。30日龄后舍内温度必须保持不低于20℃，如果是在天气晴好的情况下，靠鸭群自身产生的温度基本能够达到这个要求。但是，在夜间外界温度低的时候也还需要适当加热。

27. 如何监控肉鸭生产性能?

在商品肉鸭生产中需要在每周龄末对肉鸭进行空腹抽样称重，了解其体重增长情况和料肉比，并与标准相对照，看这些性能是否达到标准。如果没有达到标准则需要及时检查问题并解决。表6-4是SM$_3$商品代肉鸭的生产性能表，供参考。

表 6-4   SM$_3$（大型）商品代肉鸭性能

日　龄	活重（克）	空腹饲料转化率	日　龄	活重（克）	空腹饲料转化率
0	50		48	3525	2.33
7	255	0.9	49	3569	2.39
14	730	1.20	50	3611	2.44
21	1350	1.40	51	3651	2.50
28	2050	1.60	52	3688	2.56
35	2740	1.74	53	3724	2.62
41	3147	1.97	54	3758	2.68
42	3209	2.02	55	3789	2.74
43	3268	2.07	56	3820	2.81
44	3325	2.12	57	3848	2.87
45	3378	2.17	58	3875	2.94
46	3430	2.23	59	3901	3.00
47	3479	2.28	60	3925	3.07
备　注	公鸭重量=平均+3%			母鸭重量=平均-3%	

28. 如何制定肉鸭生产记录表?

肉鸭养殖过程中要做好各种记录，使生产者能够及时了解生产过程中各种投入品的使用情况、了解鸭群的生长情况、健康情况等，即使出现问题也能够从记录中查出问题的根源。

（1）肉鸭生产记录表　见表6-5。

表6-5　肉鸭生产记录表

日期	日龄	死亡数（只）	淘汰数（只）	存栏数（只）	喂料量（千克）	平均采食（克/只）	鸭舍温度（℃）	光照时间（小时）	防疫工作	其他
本周小计						周末体重				

本表一般1周1张，填写每天的相关内容。

（2）药物（疫苗）使用记录表　见表6-6。

表6-6　肉鸭药物（疫苗）使用记录表

日期	日龄	药物（疫苗）名称	生产企业	产品批号	生产日期	使用方法	使用剂量	使用人

29. 如何制定快大型肉鸭饲养管理规程？

规范化生产管理的重要基础就是要有一个规范化的饲养管理规程，让饲养人员知道在什么时间做什么事。这里介绍一个常规情况下的肉鸭生产规程，供参考，不同地区在应用时要根据当地的气候条件、饲养季节、设施条件等具体情况进行适当调整。

（1）**进雏前2周**　主要对鸭舍进行整理和消毒。

①**清扫鸭舍**　关闭鸭舍总电源后把鸭舍内地面、墙壁、屋顶、网床及其他设备表面的杂物、灰尘、蛛网清扫干净。

②**冲洗**　清扫完成后用高压冲洗消毒设备对鸭舍地面、墙壁、屋顶、网床进行冲洗，将附着在这些表面的各种粉尘冲洗干净。冲洗水中可以添加次氯酸钠或季铵盐类消毒剂。

③**消毒**　冲洗后的育雏舍要用次氯酸钠或季铵盐类消毒剂进行全方位的喷雾消毒。同时，对育雏舍外墙壁、窗台、地面和道路用烧碱或40%甲醛、次氯酸钠等药喷雾消毒。

④**干燥除湿**　上述工作完成后要打开育雏舍的门窗和风机进行通风以排除鸭舍内的湿气，直到观察到育雏舍内已经干燥为止。

（2）**进雏前7天**　主要是检修线路、环控和网床设备。

①**检修线路和设备**　全面检查供电线路和水管，及时更新损坏的部分，确保育雏期间的生产安全。检修通风、照明和加热设备，保证其能够正常使用。

②**整理网床**　如果是采用网上平养的饲养方式，至少提前7天对网床进行检查和维修，主要检查网床支撑部分是否牢固、床面有无破损、塑料网连接处有无脱开等。

（3）**进雏前5天**　检查喂料和饮水设备是否完好、够用。确定育雏人员并进行技术培训；制订本批次肉鸭的育雏方案。

（4）**进雏前4天**　消毒和常用品准备。

①**熏蒸消毒**　按照育雏舍内的空间大小，每立方米用40%甲醛40毫升、高锰酸钾20克，加入陶瓷盆或搪瓷盆内进行熏蒸消毒。根据药物用量确定盆的数量，要求盆内药物的添加量不能超过其深度的一半。

②**加热**　如果采用地下火道或地上火龙加热方式，可以在雏鸭到来前3天进行加热预温以提高育雏舍内的温度。适当的升温有助于提高熏蒸消毒的效果。

③**准备育雏用品**　把饲料、添加剂、药物、疫苗、手电筒、记录表等物品准备好。

（5）**进雏前2天**　使鸭舍内环境能够满足雏鸭的生活需要。

①**通风**　打开育雏舍的门窗和风扇进行通风，排除舍内的甲醛药物气体和湿气。

②**加热**　当舍内药物气体排出基本干净后无论使用哪种类型的加热设备都要开始启用，使鸭舍温度上升至30℃并保持稳定，在加热的同时进行通风有助于除湿和排气。

③**铺设垫料**　如果采用地面垫料平养方式，将经过暴晒的干燥垫料铺到育雏舍的地面，厚度约7厘米，铺后要用脚踩一踩。

④**药物拌料**　为了预防肉鸭饲养前期常见的大肠杆菌病和里默菌病（传染性浆膜炎），第一周的饲料中可以添加一些抗菌药，在雏鸭到来的前1天把药物拌匀到饲料中。

（6）**进雏当天的工作**　主要是分群、开水、开食及观察温度和雏鸭表现。

①**雏鸭安置与疫苗接种**　雏鸭运到育雏舍后，按照育雏计划安排，将雏鸭集中安置在靠近热源附近的圈内。每个小圈的面积7～10米^2，每圈安置雏鸭的数量按照每平方米20只的密度进行，每圈内的雏鸭大小、强弱要相似。如果种鸭没有接种鸭病毒性肝炎疫苗、大肠杆菌和里默氏菌病疫苗，在雏鸭安置的时候需要接种鸭病毒性肝炎疫苗（皮下注射）。

②**开水**　雏鸭安置妥当后就可以进行"开水"。每个圈内按照35～40只雏鸭放置1个容量为1.5～2升的真空饮水器，水球内的水添加1/3即可，使用0.02%高锰酸钾溶液作为"开水"用，水温约25℃。饮水器放置后可以用手指敲击水盘引诱雏鸭饮水，必要时把靠近饮水器的雏鸭抓住，将其喙部浸入水盘内，看到其饮水后将其放开在饮水器旁，让其自己饮水。把远离饮水器的雏鸭轻轻向饮水器附近拨动。

③**开食**　"开水"结束后1小时安排雏鸭"开食"。将肉鸭花

料或稍加水拌湿的粉状全价饲料放在开食盘或塑料布上面，抓几只雏鸭放在开食盘或塑料布上，用手指轻轻敲击开食盘或塑料布，发出声响以引诱雏鸭采食饲料。开食所使用的饲料量按每只鸭2克计算，不要太多。

④**观察雏鸭表现**　开水和开食之后，注意观察雏鸭的精神状态和行为表现，把不会饮水、采食的雏鸭隔离出来加强诱导或用添加葡萄糖、复合维生素的水滴到口中。注意雏鸭的表现以了解温度控制是否得当，防止雏鸭挤堆。

⑤**饮水与饲喂**　开水和开食后，注意4小时更换1次饮水（每次可以分别在水中添加5%葡萄糖、电解多种维生素、抗生素等），保证饮水的干净和充足。3小时饲喂1次，每次饲料用量按每只鸭3克计算。饲喂设备要充足，保证每只雏鸭都能均匀采食。

⑥**环境控制要求**　雏鸭身体周围的温度在31℃左右，舍内湿度为65%左右，全天连续光照并保持较高的亮度（灯泡照明时每平方米舍内面积有4~5瓦的白炽灯照明）。

（7）**育雏第2~3天**

①**环境控制要求**　同第一天。

②**饮水与饲喂**　每4小时更换1次饮水（每次可以分别在水中添加5%葡萄糖、电解多种维生素、抗生素等），保证饮水的干净和充足。每3小时饲喂1次，每次饲料用量按每只鸭4克计算，注意观察雏鸭的采食情况，一般加料后20分钟基本采食完毕，据此确定喂料量是否合适。饲喂设备充足，保证每只雏鸭都能均匀采食。

③**观察雏鸭表现**　注意观察雏鸭的精神状态和行为表现，把不会饮水、采食的雏鸭隔离出来加强诱导或用添加葡萄糖、复合维生素的水滴到口中。注意雏鸭的表现以了解温度控制是否得当，防止雏鸭挤堆。

（8）**育雏第4~7天**

①**环境控制要求**　雏鸭身体周围温度为29℃左右，舍内湿度为65%左右，每天光照22小时，夜间关灯黑暗2小时，照明的亮度同第

一天。中午前后注意打开部分风机或窗户进行通风。

②**饮水与饲喂**　每4小时更换1次饮水（每次可以分别在水中添加5%葡萄糖、电解多种维生素、抗生素等），保证饮水的干净和充足。使用料桶饲喂，每4小时饲喂1次，每次饲料用量按每只鸭5～6克计算，注意观察雏鸭的采食情况，一般加料后20分钟基本采食完毕，据此确定喂料量是否合适。饲喂设备充足，保证每只雏鸭都能均匀采食。

③**调群**　在6～7日龄根据情况可以把每个群内的体重过大和过小的个体调出分别放在新的圈内，缩小原来小圈内的饲养密度（降为16只/米^2）并使每个圈内的雏鸭个体大小相似。

（9）育雏第8～10天

①**环境条件控制**　每天光照20小时，夜间黑暗4小时，适当降低光照强度（每平方米可以配置3瓦的白炽灯）以能够观察清楚雏鸭的状态、饲料和饮水的情况为准；雏鸭身体周围温度控制在26℃～29℃；舍内湿度为65%。白天注意通风，如果处于5～9月份则夜间也要打开几个窗户进行通风。

②**垫料管理**　采用地面垫料平养方式注意用铁耙或其他工具将垫料抖松、摊匀，把饮水器周围的湿垫料换掉，必要时加铺一些新垫料。

③**饮水器**　如果一直采用真空饮水器，需要将饮水器垫高，使饮水器的水盘边缘与雏鸭背部高度相似。如果以后使用水槽或乳头饮水器则需要将水槽或乳头饮水器安装好并通水，让雏鸭自主选择使用真空饮水器或水槽、乳头饮水器。

④**饲喂**　从8日龄起雏鸭可以采用自由采食，每天早、晚检查料桶并及时添加饲料。将料桶垫高或吊起使料盘的边缘与雏鸭背部等高。

⑤**疫苗接种**　如果种鸭没有接种鸭病毒性肝炎疫苗、大肠杆菌和里默氏杆菌病疫苗，雏鸭需要接种大肠杆菌和里默氏杆菌病疫苗（皮下注射灭活苗）。

（10）育雏第11~14天

①**环境条件控制**　光照每天20小时；雏鸭身体周围温度控制在24℃~26℃；室内湿度为65%。每天要进行较小流量的通风换气，要求鸭舍内没有明显的刺鼻、刺眼感觉。低温季节通风要注意在进风口采取适当的遮挡措施，避免冷风直接吹到鸭身上。如果处于5~9月份则夜间也要打开几个窗户进行通风。

②**垫料管理**　根据地面垫料情况，注意疏松垫料，把饮水器周围的湿垫料换掉，必要时加铺一些新垫料。

③**饮水**　如果使用真空饮水器，需要更换为容量在3升左右的中型饮水器。无论哪种饮水器都要注意调整高度，使水盘边缘或饮水乳头略高于雏鸭背部。保证饮水的充足与干净。为了预防疾病，可以在饮水中添加一些抗生素（不能使用农业部公布的禁用药物）。

④**饲喂**　采用自由采食，每天早晚检查料桶并及时添加饲料。保持料桶的边缘与雏鸭背部等高。如果使用料箱则将料箱安放在圈内，同时保留料桶。

⑤**调群**　在13或14日龄进行调群，将每个圈内的雏鸭调出去一部分组建新圈，使饲养密度降为12只/米^2。

（11）育雏15~21天

①**环境条件控制**　光照要求每天20小时；雏鸭身体周围温度控制在21℃~25℃；舍内湿度为65%。通风、垫料管理与11~14天相同。注意观察防治啄癖发生。

②**饮水**　保证饮水的充足与干净。

③**饲喂**　自由采食，及时添加饲料。

④**调群**　在20或21日龄进行调群，将每个圈内的雏鸭调出去一部分组建新圈，使饲养密度降为8只/米^2。

（12）第22~28天

①**环境条件控制**　光照、通风要求和垫料管理与上周相同；鸭身体周围温度控制在20℃~25；舍内湿度为62%。

②**饲喂**　逐渐将前期饲料更换为后期饲料（育肥料），第22天的饲料前期料占85%、后期料15%，第23天相应为80%和20%，第24天相应为70%和30%，第25天相应为55%和45%，第26天相应为40%和60%，第27天相应为20%和80%，第28天完全用后期饲料。自由采食。

③**饮水**　保证饮水的充足与干净。如果使用乳头饮水器要及时调整其高度。

④**调群**　在27或28日龄进行调群，将每个圈内的鸭调出去一部分组建新圈，使饲养密度降为6只/米^{2}左右。

⑤**卫生防疫**　注意观察鸭群的精神状态，必要时使用一些中草药用于防治疾病或增强抵抗力。地面垫料平养的鸭群注意观察粪便情况，了解有无球虫病的发生，如果有血便现象则及时使用抗球虫药物治疗。

（13）**第29～35天**

①**环境条件控制**　光照、通风要求和垫料管理与上周相同。舍内温度不低于20℃，如果处于夏季还需要加强通风降温，以防热应激；舍内湿度控制为60%，关键是防止舍内湿度偏高的问题。

②**饲喂饮水**　使用肉鸭后期饲料（育肥料），自由采食。如果发现肉鸭有啄羽现象可以用绳子把一些青菜吊在鸭抬头能够啄到的高度，吸引肉鸭啄食青菜以减少啄羽。保证饮水的充足与干净。

③**调群**　在34或35日龄进行调群，将每个圈内的鸭调出去一部分组建新圈，使饲养密度降为5只/米^{2}左右。

④**出栏**　如果是出售小肉鸭，则在本周就可以安排鸭群的出栏，具体要求参考有关出栏的安排。

（14）**第36天至出栏**

①**环境条件控制**　与上周相同。

②**饲喂、饮水管理**　与上周相同。

③**出栏**　如果安排鸭群出栏，可以随时进行。

30. 如何确定肉鸭出栏时间?

肉鸭的出栏时间受多种因素的影响。

（1）**市场对鸭产品的需求** 有的地方用白条鸭煲汤，一般需要体重1～1.35千克的肉鸭屠体，28～30日龄的肉鸭体重约2千克，屠宰后的体重刚好能够满足这个重量要求，而且屠体中的脂肪含量少，骨头也容易炖烂；如果市场需要分割鸭的产品，则常常在42日龄前后出栏，分割后的各部位重量略大。

（2）**根据肉鸭的增重规律** 肉鸭在5周龄前的相对增重速度最快，从6周龄开始逐渐下降，8周龄后的相对增重和绝对增重都显著减小。因此，出栏时间常常在7周龄之前，否则会使饲料转化率显著升高，生产成本大幅度增加。

（3）**考虑羽毛生长情况** 肉鸭第一次羽毛更换基本上是在6周龄的时候完成，进入8周龄后青年羽就开始逐渐脱落并长出成年羽，大约在20周龄时成年羽长齐。鸭羽绒是重要的副产品，6～7周龄上市的肉鸭羽毛整齐，价值较高。28日龄的时候羽毛处于更换时期，新羽处于刚生长阶段，价值不大。

（4）**市场价格变化** 当肉鸭饲养至28日龄之后就要根据市场上肉鸭的价格、饲料价格等因素确定合适的出栏时间。在饲料价格稳定的情况下，如果肉鸭价格高则可以多饲养几周；饲料价格高而肉鸭价格低的情况下在应稍早一些出栏。

31. 肉鸭出栏前的准备工作有哪些?

肉鸭出栏时间确定后，就要做好出栏的准备工作。

（1）**确定肉鸭的销售渠道** 肉鸭出栏前，甚至在育雏开始的时候就要确定肉鸭出栏的去向，是向屠宰厂提供或是向鸭贩、向零售商提供。如果是规模化养殖最好是饲养合同鸭，以便于一次性出栏。

（2）**人员准备** 出栏是肉鸭场的一项重要工作，需要较多的人参与。通常在采用全进全出管理模式的肉鸭场，当肉鸭出栏时所有的饲养员和技术员甚至一部分管理人员都要参与其中。根据肉鸭出栏量对各环节需要的人员数量进行确定，以保证工作效率；参与的人员要经过更衣消毒。

（3）用品准备 出栏用到的物品有围挡、周转筐、推车等，这些用品也要提前消毒。

（4）水料停供 肉鸭出栏前6小时要停止喂料并将喂料设备中剩余的饲料清理干净，因为屠宰时消化道内积存的饲料不仅是一种浪费，也是重要的污染源。出栏前3小时关闭水阀，停止供水。

（5）物品移出 出栏前要提前将喂料设备、饮水设备升高或移出以免影响抓鸭过程的操作，同时也有助于防止鸭跑动时碰到这些硬物造成皮下瘀血而影响屠体外观。

32. 出栏时如何捕捉肉鸭？

（1）捕捉前的准备 抓鸭前应该先用隔网将部分鸭群围起来，抓完一部分后，再围另一部分，再抓。这样抓法可有效减少鸭因惊吓拥挤造成踩压死亡。应该注意的是用隔网围起鸭群的大小应视鸭舍温度、鸭只体重和抓鸭人数多少而定。在鸭舍温度不高、鸭只体重较小，抓鸭人数多时，鸭群可适当大一些，同时在操作时还须有专人不定时驱赶拥挤成堆的鸭群；反之，在炎热季节，肉鸭出栏时，则要求所围的鸭群不超过200只为宜，应该力求所围起的鸭在10分钟左右捕捉完毕，以免鸭只因踩踏而窒息死亡。

肉鸭出栏前至少6小时要把饲喂设备从鸭舍内取出或升高，使肉鸭停止采食并防止捕捉过程中鸭子碰伤。适当地提前停止喂料有助于抓鸭时鸭排空肠道中的内容物，减少抓鸭时的伤亡和屠宰时的污染。停食后，饮水应照常供给，直至抓鸭装笼时停止，以防鸭体因长时间断水造成体重下降或死亡。

（2）肉鸭捕捉要求 捕捉时动作要合理，减少对鸭的应激和损伤。肉鸭捕捉要做到迅速、准确、动作轻柔。要尽量选在早晚光线较暗、夏季温度较低时进行，也可将灯光变暗，肉鸭的活动减少，有利于捕捉。

（3）做好人员协调　一般要求有两个人负责围挡，1~2人在围挡内抓鸭，2人负责装筐。

（4）其他要求　抓鸭动作要轻柔而快捷，可以握住鸭的颈部，提起轻轻放入鸭筐或周转笼中，严禁抓翅膀和提一条腿，以免出现骨折。肉鸭出栏时，每筐装鸭不可过多，以每只鸭都能卧下为宜。

33. 肉鸭的运输有什么要求？

运输是指肉鸭出栏时从养殖场运送到屠宰场的过程。

肉鸭装筐后需要经过磅秤的称重、记录，然后再小心地将鸭筐抬上运输车，车上有人将筐码放到整齐，筐与筐之间扣紧扣死。码放高度一般为5~6层。待一整车装好后，用绳子将每一排鸭筐固定好，以防止运输途中因颠簸使鸭筐坠落。

如果是夏季高温期间运输要避开中午温度最高的时候，必要时在汽车起运前用水管将鸭淋湿。冬季要在中午前后外界温度较高的时候运输，必要时在车厢的前部用编织布或帆布遮挡，防止冷风直接吹到前面鸭筐表面。任何季节都要注意不能在大风、雨雪等恶劣天气运输。

34. 如何减少肉鸭的意外伤亡？

意外伤亡是指除因疾病造成的死亡之外出现的死亡情况。肉鸭生产中的意外伤亡情况时有发生，需要通过加强管理进行预防。

（1）防止挤堆造成的伤亡　挤堆的主要原因是鸭舍温度低或鸭舍内局部温度低、鸭受到惊吓等，饲养密度过大也容易出现挤堆问题。

（2）防止药物中毒　药物中毒主要是药物的使用剂量没有控制好、通过混合饲料中投药时药物没有拌匀、通过饮水给药时药物的水溶性不好等造成的。

（3）防止煤气中毒　一些小型肉鸭养殖场（户）在鸭舍加热过程中使用煤炉加热，如果不能很好地将煤烟排到舍外则可能会出现煤气中毒问题。

（4）防止其他动物伤害　在第一周肉鸭很弱小，老鼠、猫、狗、猫头鹰、蛇等动物都会对小鸭造成伤害，需要防止这些动物进入鸭舍。

（5）防止啄癖　肉鸭啄癖会造成皮肤损伤甚至会造成肛门、脚趾的外伤，如果伤口被细菌感染则容易造成肉鸭死亡。

35. 为什么每天要让鸭群把饲料吃净1次？

每天要让鸭群把饲料吃净1次就是常说的"净槽"。无论采用哪种喂料方法，每天要注意每次在添加饲料之前要让肉鸭把料槽内的饲料吃干净再添加。

这样做的目的主要有两个：一是防止饲料发霉变质，如果饲料在料槽（或料桶、料盆）内积存时间过长，在鸭舍内温度高、湿度大的环境条件下饲料中会有大量的细菌繁殖，而且鸭舍内有霉菌的存在，当细菌或霉菌繁殖到一定程度饲料就会发霉变质。二是减少饲料中营养素的分解，在高温、高湿情况下，营养素与空气中的氧接触就会分解或变性，使饲料的营养价值降低，肉鸭采食这种饲料就会影响其正常的生长速度。

每天要让鸭群把料槽内的饲料吃净1次能够有效防止饲料变质和营养损失，而且对肉鸭的健康也有良好的作用。

七、肉鸭的卫生防疫管理

1. 肉鸭生产的生物安全指的是什么?

生物安全是指在饲养过程中采取多种措施,通过减少环境中病原微生物的数量来预防控制疫病,保护鸭群免遭致病微生物的侵袭,建立一道屏障,避免病原体扩散到健康鸭群。

生物安全不仅重视整个生产体系所有部分的联系及其对动物安全的影响,而且强调从实践上贯穿于生产管理始终,所以,生物安全是阻断病原体进入鸭群体,排除疾病威胁的多种预防措施而集成的一个综合措施,是减少疾病威胁的最佳手段,对多种疾病同时起到预防和净化作用。通过生物安全的有效实施,可为药物治疗和疫苗免疫提供一个良好的应用环境,获得药物治疗和疫苗免疫的最佳效果,进而减少在饲养过程中的抗生素的使用。

生物安全包括阻断致病性的病毒、细菌、真菌、后生动物和原生动物等侵入畜禽群体并进行增殖而采取的各项措施,主要措施包括:隔离措施、养殖场鸭舍内外环境的控制、人员的控制、车辆的控制、做好防鸟防鼠工作、定期开展消毒、实行全进全出制生产方式、对粪污和病死畜禽进行有效的无害化处理等。

2. 健康养殖的意义是什么?

健康养殖指根据养殖对象的生物学特性,运用生态学、营养学原理来指导养殖生产，也就是说要为养殖对象营造一个良好的、有利于快速生长的生态环境，提供充足的全价营养的饲料，使其在生长发育期间最大限度地减少疾病的发生，使生产的食用产品无污染、个体健康、肉质鲜嫩、营养丰富。

健康养殖的核心理念和价值是畜禽健康、环境健康、产品健康、消费者健康和产业链健康共5个健康。

3. 为什么要把疾病的预防工作放在首位？

肉鸭养殖应致力于良好的饲养管理，拒疫病于鸭群之外。因为肉鸭生产是群体、集约化的，如若预防不力，发生了疫病，则耗费大量人力、药物和其他费用，即使能够挽救一些病鸭，其生产性能和经济效益也会大受影响，尤其是商品肉鸭的饲养期很短，如果鸭群发病即便是通过采取措施控制住死亡，也会造成肉鸭的生长速度缓慢、不符合上市要求的个体增加；肉鸭发病后使用药物的费用常常也是很高的，而且治疗效果不一定可靠，这无形中会加大生产成本。此外，肉鸭一旦发生疾病难免需要使用药物，这就可能造成肉鸭在屠宰后的产品被微生物污染和出现药物残留。所以，肉鸭的疫病防治一定要以预防为主。

4. 综合性卫生防疫措施包括哪些环节？

（1）提高工作人员的责任心　在诸多预防疾病的因素中，人是最重要的因素，应该看到养鸭场与场外的社会环境是密切相关的，认真细致地做好疾病预防工作。只有高度的责任心和自觉性，才能细致地做好饲养管理工作，才能认真地落实每一个与预防疾病有关的环节，尽量减少疾病的发生。

（2）必要的卫生管理制度　做好疾病的预防需要相应规章制度的约束，如对进场人员和车辆物品的消毒，对鸭舍的清洁和消毒的程序和卫生标准，疫苗和药物的保管与使用，免疫程序和免疫接种操作规程，饲养管理规程等。只有完善的卫生管理制度并严格地执行，才能使预防疫病的措施得到落实，减少和杜绝疫病的发生。

（3）**养鸭场的选择和布局合理** 场地的选择，应做慎重和全面考虑，从防疫卫生角度，应特别注意远离居民点、远离禽场、屠宰场、市场和交通要道，地势较高而不位于低洼积水的地方，有充足和卫生的水源。

（4）**全进全出的生产管理模式** 不同年龄的鸭群有不同的易发疫病，鸭场内如有几种不同日龄的鸭群共存，则日龄较大的患病鸭或是已病愈但仍带毒的鸭随时可将病菌传播给日龄小的鸭。因此，一个场内鸭群日龄档次越多，鸭群患病的机会就越大；相反，如果确实做到全进全出，一个鸭场只养同一个日龄同一个品种的鸭，则即使鸭群处于对某些疫病的敏感期，但由于没有病原体的感染而平安地度过了整个生产阶段。无数生产实践证明，全进全出的生产管理模式是预防疾病，降低成本、提高成活率和经济效益的最有效措施之一。

（5）**满足肉鸭的营养需要** 在饲养管理中，应根据实际情况合理配制饲料，满足肉鸭对各种营养成分的需要，防止营养缺乏病的发生。

（6）**避免或减轻应激** 对肉鸭进行捕捉、转群、免疫接种，突然的音响，不适宜的环境条件，过分拥挤，饲料的改变，饲养员更换等都是肉鸭生产中遇到的应激因素，而这些应激因素常常可引起鸭群的抗病力降低而诱发其他疾病。上述各种应激因素有些难免出现，但却是可以通过周密的设计和细心的管理来尽量避免或减轻对鸭群的应激。

（7）**免疫接种** 肉鸭场要根据本场及附近的禽病流行情况适时地接种若干种疫苗，使鸭群形成一定的抵抗力。

（8）**预防用药** 当人们发现鸭群患病时，鸭体的组织器官和功能已受到较大的损害，即使能及时投入药物控制死亡损失，但鸭群的生产性能必然受到损害，这对于快大型的肉鸭来说，更为明显。

因此，对于一些药物预防有效的鸭病，与其在患病时用抗菌药物治疗，不如定期投放预防性药物，力求避免疫病的发生。

（9）带鸭消毒 实践证明，坚持每日对鸭舍和场地做喷雾消毒可以显著减少鸭病发生的，可以选作带鸭消毒的药物如复方煤焦油酸溶液（农福）及同类产品，过氧乙酸，次氯酸钠等，喷雾时应按说明书使用。

（10）防止工作人员传播疾病 确实要进入鸭场的外单位人员，必须严格冲洗和消毒；各生产区的工作人员最好分区住宿，减少交叉；接种疫苗和注射药物最好由某一生产区的人员完成，每次工作完成后又要对自身清洁消毒，注意避免接种疫苗的人员成为在场内广泛散播病毒的媒介；技术人员一般情况下每天只巡视1个生产小区；送检病鸭的饲养员不直接送到兽医室；兽医室工作人员一般不要进入生产区。

（11）控制传播媒介 许多活体动物都是家禽疾病的传染源、媒介物或中间宿主，如狗、猫、鼠、飞鸟、蝇和蚊等。

为了比较彻底地预防疾病的发生，就必须做好环境卫生工作，消灭蚊蝇的滋生地，要经常捕捉或毒杀鼠类，鸭场内不宜养狗和猫，不允许鸭场内职工饲养其他的散养家禽。要防止飞鸟进入鸭舍。

（12）防止日常用具杂物传播疾病 进入场内的车辆要通过消毒池，同时还要对车辆各个部分作喷雾消毒。饮水器、料槽、电器等都必须较严格清洗消毒后才能进入鸭场。注射器、针头、玻璃瓶等接种疫苗或注射药物的用具，也必须高压灭菌后才能进入鸭舍内使用。垫料用前要在阳光下暴晒，废旧垫料要集中清理和堆积发酵。

5. 如何做好鸭场的隔离？

鸭场的隔离主要是减少外来污染源和病原体对鸭群生产和健康的影响，为鸭群提供一个安全舒适的生产环境。

（1）**自然环境隔离**　建场选址应离开交通要道、居民点、医院、屠宰场、垃圾处理场等有可能影响动物防疫因素的地方，养鸭场到附近公路的出路应该是封闭的500米以上的专用道路；场门口建立消毒池和消毒室；场区的生产区和生活区要隔开；在远离生产区的地方建立隔离圈舍；鸭舍要防鼠、防虫、防兽、防鸟；生产场要有完善的垃圾排泄系统和无害化处理设施等。

（2）**设立独立的隔离区**　对新进场肉鸭、外出归场的人员、购买的各种原料、周转物品、交通工具等进行全面的消毒和隔离。

（3）**人员隔离**　生产人员进入生产区时，应洗手，穿工作服和胶靴，戴工作帽；或淋浴后更换衣鞋。工作服应保持清洁，定期消毒。饲养员严禁相互串舍。严禁所有人员接触可能携带病原体的动物及产品加工、贩运等人员。

（4）**设置完善的隔离设施**　鸭场四周要有围墙以隔断外来人员和兽类进入生产区；鸭场的各进、出口要设置大门和消毒池、消毒室，进入生产区的人员、车辆和物品必须经过消毒。

（5）**建立完善的隔离制度**　要针对防疫工作建立完善的人员管理制度、消毒隔离制度、采购制度、中转物品隔离消毒制度等规章制度并认真实施，切断一切有可能感染外界病原微生物的环节。

6. 如何做好鸭场的消毒？

（1）**合理选择消毒剂**　目前用于养鸭场环境消毒的药物有：醛类（甲醛、戊二醛）、碱类（如火碱、生石灰）、卤素类（氯制剂有漂白粉、消毒王、灭毒威等，碘制剂有碘三氧）、过氧化物类（如过氧乙酸）、季铵盐类（如百毒杀）。一般需要准备几种消毒药，以期轮换用药，减少微生物耐药性的形成。

（2）**合理确定消毒顺序**　鸭场消毒时要遵循先净道（运送饲料等的道路）、后污道（清粪车行驶的道路）；先鸭舍、后道路的原则。

（3）**消毒频率**　一般情况下，养鸭场每周不少于2次的全场和带鸭消毒；发病时期，坚持每天带鸭消毒。

7. 空鸭舍如何消毒？

鸭出售或转出之后，要及时清扫鸭粪和垫料等，对鸭舍应进行彻底清扫并冲刷干净，水槽和料槽等用具也应进行清洗，墙壁要用石灰水消毒。然后用普通消毒液如百毒杀等喷雾消毒1次，在进鸭前1周，鸭舍要用福尔马林加高锰酸钾密闭熏蒸24小时，然后打开门窗通风。鸭舍周围2米以内进行除草翻土，铺垫一层生石灰。

8. 用具、设备如何消毒？

鸭舍内的料槽、饮水器、育雏加温设备、清粪设备、消毒设备、产蛋箱等都必须在使用前进行1次彻底消毒。方法是先用清水浸泡洗干净，再用0.1%新洁尔灭或其他消毒药液进行洗刷消毒，用清水冲洗晾干。然后再放在鸭舍内熏蒸鸭舍的时候再熏蒸1次。

9. 工作人员如何进行消毒？

鸭场工作人员在进入生产区之前，必须更换消毒过的工作服及胶鞋等，并在紫外线灯下消毒10分钟左右后，方可进入鸭场。凡有条件的鸭场，可要求工作人员更换所有的衣着，并洗浴。工作服等必须每天用紫外线灯消毒，每周洗涤1次。

10. 如何做好鸭场污物的无害化处理？

近年来，随着我国肉鸭养殖业的迅猛发展，因饲养规模过大，饲养过于密集而造成的环境污染问题也越来越突出。其中主要是粪便和旧垫料造成的污染。这些粪污和旧垫料中含有大量的氮、磷及部分重金属和药物，气味恶臭，还常常带有致病菌及寄生虫，若处理不当，不仅会造成土壤，水源和空气的污染，而且会造成病菌及寄生虫的传播，严重影响鸭群的健康。鸭场污物的无害化处理常用以下几种方式：

（1）**堆积发酵处理**　堆积发酵是鸭粪传统的处理方法，也是目前应用最广的方法。堆积发酵是将半干的鸭粪和旧垫料在固定的场地堆积起来，体积可大可小，用草泥将粪堆的表面糊严进行厌氧发酵，经过3～5周的时间即可完成发酵过程。经过发酵的鸭粪其中的尿酸盐被分解、各种病原体被高温杀死、含水率也有所下降，可以作为优质的有机肥使用。

（2）**槽内发酵**　一些大型养鸭场设置有若干个专门的贮粪槽，用砖混结构并用水泥抹面，一端开放。高度约1.5米、宽度和长度各约5米和20米（可依据养殖规模而改变）。在一定时期内清理出的鸭粪集中存放到某一个贮粪槽内，当一个贮粪槽装满后可以在表面覆盖塑料膜并用土将周边压实。经过1个月左右就能够达到发酵的目的。

（3）**烘干处理**　烘干处理需要使用专用烘干机，配套设备包括：烘干主机、热风炉、螺旋上料机、除尘器、除臭塔、控制操作台等。可以把含水量高达50%的粪便垫料混合物烘干到含水量13%以下。鸭粪烘干机运行的整个过程处于全封闭状态；既可以减少对环境的污染，又可以起到节能环保的作用。

11. 如何做好肉鸭免疫接种工作？

免疫接种是预防肉鸭传染病的主要措施。为保证免疫效果，在接种疫苗过程中要注意以下几方面：

①选择合格的疫苗。应选用国家批准的正规生物制品厂生产的疫苗。

②科学制定免疫程序，严格按照免疫程序中规定的时间接种特定的疫苗。

③严格按照产品标签标定的、生产厂商推荐的剂量使用疫苗。正确稀释疫苗，稀释疫苗和接种疫苗的器械不应与消毒药品接触。

④在夏季高温季节接种疫苗时，应将疫苗放在低温处，并迅速接种，以免疫苗失效。因为在高温条件下，疫苗中的抗原会很快变

性，失去抗原性，导致免疫失败。

⑤只有在鸭群处于健康状况下接种疫苗，才能获得良好的免疫效果。当鸭群处于发病状态或应激状态时应对是否进行疫苗接种进行评价。

⑥肉用种鸭在开产前2周内完成各种疫苗接种。应避免在产蛋高峰期为肉种鸭接种疫苗。

⑦在使用疫苗前，应明确疫苗的生产日期、失效日期、体积容量、稀释液、稀释度、每只剂量、接种方法、储运条件和方法。使用疫苗后，所有包装及剩余疫苗要集中焚烧或深埋。

12. 肉鸭常用的疫苗有哪些?

根据肉鸭生产中常见的传染病发生情况，一般使用的疫苗主要有：鸭传染性浆膜炎（鸭疫里默氏杆菌）灭活苗，鸭瘟弱毒苗、禽流感灭活疫苗包括Re-6毒株和D$_7$株（鸭源H$_5$N$_2$弱毒株）、鸭病毒性肝炎弱毒疫苗或油乳剂灭活疫苗、鸭副黏病毒病疫苗。

13. 肉鸭疫苗接种方法有哪些?

（1）滴鼻（眼、口）免疫法 使用专用稀释液或灭菌生理盐水，1 000羽份用稀释液30毫升，反复摇动疫苗瓶，使疫苗完全溶解，然后将稀释好的疫苗分装入4~5个标准滴瓶中。轻捏滴瓶，将滴瓶中的空气排出若干，然后倒握滴瓶，从1厘米左右高处垂直滴入，1只鸭滴1滴。

（2）饮水免疫法 要合理确定饮水量，使用当天饮水量25%的水稀释疫苗。疫苗的用量为标识用量的2~3倍。饮水器要充足，以确保全群肉鸭能同时饮水。饮水器应洁净，无洗涤剂或消毒剂残留。应使用清凉、不含氯或铁的自来水或雨水。疫苗溶解后，性质脆弱，应确保在2小时内饮完。

（3）注射免疫法 接种部位分别有颈部皮下、胸部肌肉、腿部肌肉。使用前都应检查针头的质量，如有毛尖应弃用。注射剂量要准，由于接种过程中存在螺母走位而导致剂量不准确的现象，所以要定期采用标准容器（例如医用一次性注射器）检查实际注射剂量。

14. 肉鸭养殖过程中用药注意事项有哪些？

①要购买正规厂家生产的合格药品。

②合理确定药物剂量，不要随意加大或减少用药量。有些人认为药量越大越管用，这种做法不但增加了不必要的药费支出，而且还可能导致鸭群药物中毒。

③掌握正确的用药方法。因为规模化养鸭的群体都比较大，多采用将药品拌入饲料中或溶于饮水中的方式给药，很少采用注射法给药。因此，须注意3点：一是投药前要适当停料停水，保证投药后鸭群能迅速地将拌有药品的饲料采食干净或将溶有药品的饮水饮用完。二是加入药品的饲料、饮水的数量不要太多，以鸭群可一次性采食、饮用完为宜。三是药品拌入饲料或溶入水中后要立即使用。

④适时更换新药，如果长期使用某一种药物治愈了某一种疾病，反复使用，容易使微生物产生耐药性，影响其防治效果。

⑤不要盲目搭配用药。不论什么疾病，如大肠杆菌与慢性呼吸道疾病混感，不清楚药理药效，多种药物不要盲目搭配使用，如含有治疗大肠杆菌的头孢噻肟钠与含有治疗支原体感染的红霉素搭配。

⑥注意掌握休药期。休药期是指从停止向鸭群给药到商品鸭屠宰、上市的间隔时间。大型肉鸭屠宰加工厂对此都有明确的要求，请鸭农朋友严格掌握休药期。否则，肉鸭屠宰加工厂有可能因此拒收你交售的商品或在宰后检验出兽药残留超标时依法处理相关产品。

15. 肉鸭生产中药物管理有哪些规定？

①允许使用符合兽药国家标准规定的营养类、矿物类和维生素类药。

②兽药原料药不得直接加入饲料中使用，必须制成预混剂后方可添加到饲料中。

③使用抗球虫药应以轮换或穿梭方式使用，以免产生抗药性。

④限制使用某些人畜共用药，主要是青霉素类和喹诺酮类的一些药物，如注射用青霉素钾、氨苄青霉素、诺氟沙星等。

⑤禁止使用影响动物生殖的激素类或其他具有激素作用的物质及催眠镇静类药物，如苯甲酸雌二醇、地西泮等。

⑥肉鸭在饲养过程中预防和治疗疾病，必须在兽医指导下使用抗菌药和抗寄生虫药。应严格遵守规定的作用与用途、给药途径、使用剂量、疗程和休药期。

⑦使用饲料药物添加剂和治疗药物时应注意配伍禁忌。例如，莫能菌素钠预混剂主要用于鸭球虫病，使用时禁止与泰妙菌素、竹桃霉素并用，搅拌配料时禁止与人的皮肤、眼睛接触，休药期5天。盐霉素钠预混剂主要用于鸭球虫病和促进畜禽生长，使用时禁止与泰妙菌素、竹桃霉素并用。

⑧肉鸭养殖场（户）使用的兽药（含饲料药物添加剂），应选择符合兽药国家标准规定的产品。在使用中药散剂时要注意看说明书上的主要成分，禁止使用含有喹乙醇的中成药。

⑨禁止使用呋喃唑酮。

16. 肉鸭生产如何执行休药期？

商品肉鸭的饲养期较短，一般在42日龄之前就出栏上市，个别的在28日龄就上市，因此在执行休药期的时候要注意这个养殖特点。

屠宰前14天应禁用的药物：青霉素、卡那霉素、链霉素、庆大霉素、新霉素等。

屠宰前14天根据病情可选用的药物（其用药剂量按兽医技术指导进行）：土霉素、多西环素、北里霉素、四环素、红霉素、金霉素、泰乐霉素、百病消、诺氟沙星、禽菌灵等。

17. 肉鸭的药物使用方法有哪些?

肉鸭疫病防治过程中的投药方法分为群体给药和个体给药两种情况。

（1）**群体给药法**　群体给药主要是用于大群肉鸭预防性给药，让全群的鸭都吃到一定量的药物，在某个阶段防止特定疾病的发生。群体给药的主要方法包括拌料给药和饮水给药。

❶**拌料给药**　是将药物均匀地混入饲料中，在采食的同时将药食入。本法适用于不溶于水的适口性较差的药物的连续使用。注意事项：一是药物和饲料一定要混合均匀。二是严格掌握药物使用浓度。应根据药物用量和肉鸭的数量计算出投放药物总量。

❷**饮水给药**　将药物溶解于水中，让鸭群自由饮用，饮水同时将药物饮进体内。注意事项：一是药物必须能够充分溶解于水。二是掌握好药物浓度和使用时间。三是饮用水应清洁。

（2）**个体给药法**　个体给药法适用于肉鸭的个体治疗。本法对于需要治疗的肉鸭逐只进行，药量准确，直观可靠，灵活性强，但费时费力。方法包括口服和注射。

❶**口服给药**　将鸭的上、下喙掰开，将药物用手或注射器（前端加一段塑料软管）送至鸭的食管。

❷**注射给药**　是通过注射器将药物注入皮下、肌肉的给药方法。其优点是吸收快、完全，剂量准确，避免消化液破坏。